Emeric Lebreton

ROBOT RÉVOLUTION

Les robots vont-ils détruire nos emplois et notre économie ?

ÉDITIONS ORIENT'ACTION®

« Toute destruction est création. »

JOSEPH SCHUMPETER

REMERCIEMENTS

Je tiens à remercier l'ensemble des personnes qui ont permis la rédaction de cet ouvrage. Parmi elles, je tiens à remercier les membres du comité éditorial : Stéphane Feuillet, Kevin Locuty, Nicolas Besnard, Valérie Guillemot et Claudy Lebreton pour leurs remarques et leurs conseils avisés. Je remercie tout particulièrement Claudy, mon oncle, qui fut notamment, au cours de sa carrière politique, Président du Conseil général des Côtes-d'Armor, Président de l'Assemblée des Départements de France (ADF) et auteur du rapport remis à Cécile Duflot, ex-ministre de l'Égalité des territoires et du Logement, intitulé : **Les territoires numériques de la France de demain**. Je lui dois le désir et le courage de faire partager mes idées.

Orient'action®

ÉDITIONS ORIENT' ACTION®

Les Éditions Orient' Action® sont une jeune maison d'édition spécialisée dans les ouvrages de développement personnel et professionnel. Créées en janvier 2014 par Emeric Lebreton, elles permettent de découvrir et de faire découvrir le travail réalisé au sein des cabinets de coaching Orient'Action®. Chaque année, en France et à l'étranger, des milliers de personnes sont accompagnées dans leurs évolutions professionnelles et personnelles. Si vous aussi, vous avez envie d'entreprendre un changement dans votre vie et d'oser le développement personnel, retrouvez-nous sur www.orientaction.com

ISBN : 9791096667208

GLOSSAIRE

1. « ROBOT »

Un « robot » est un système automatisé pouvant prendre différentes formes (appareil mécanique, électronique, logiciel informatique, bras robotisé, humanoïde etc.), à qui un être humain peut déléguer la réalisation d'une tâche de façon dirigée ou autonome. Le terme « robot » désigne donc un système automatisé de façon large. Un robot peut être doté d'une intelligence artificielle, mais pas nécessairement.

2. « ROULEAU COMPRESSEUR DU NUMÉRIQUE »

Phénomène d'évolution technologique qui entraîne de façon irrémédiable la montée en qualification des salariés d'une organisation. Les métiers les plus faiblement qualifiés sont remplacés progressivement par des robots, obligeant les êtres humains à acquérir des compétences nouvelles plus complexes. Les salariés qui n'évoluent pas sont rattrapés par le « rouleau compresseur du numérique » et leur emploi est supprimé.

3. « PLAFOND DE VERRE DE L'INTELLIGENCE »

Piaget (1896-1980), éminent chercheur en psychologie, a étudié l'intelligence. Ses recherches lui ont permis de définir quatre stades par lesquels tout individu doit passer pour développer son intelligence. Pour passer d'un stade à l'autre, l'individu doit passer d'un mode de fonctionnement intellectuel à un autre. Le « plafond de verre de l'intelligence » désigne l'incapacité d'un individu à passer d'un stade à un autre par manque de stimulation ou par impossibilité cognitive[1].

4. « SAUT DE QUALIFICATION »

Pour s'adapter à l'automation, les salariés ont à réaliser un véritable « saut de qualification ». La formation se révèle en la matière insuffisante. Pour réussir le « saut de qualification » nécessaire, il leur faut passer d'un stade d'intelligence à un stade d'intelligence supérieur en passant d'une pensée concrète associée à la réalisation de tâches pratiques à une pensée conceptuelle associée à la réalisation de tâches créatives.

5. « DOCTRINE OBAMA »

La « doctrine Obama » est une doctrine militaire. Après son élection à la Présidence des États-Unis en novembre 2008, Barack Obama réduit l'engagement des forces armées américaines dans le monde. Selon Barack Obama, il est préférable de mener des frappes ciblées réalisées par des drones pilotés à distance plutôt que d'engager des forces

---

[1] Depuis Piaget, la recherche scientifique en psychologie et en neurosciences a élaboré de nouveaux modèles pour une meilleure compréhension du développement de l'intelligence. J'ai choisi de me baser malgré tout sur les travaux de ce père fondateur de la psychologie car ils permettent à tout un chacun de comprendre facilement les problématiques liées au fonctionnement cognitif dans un contexte d'utilisation des robots.

armées dans des combats sur le terrain. La « doctrine Obama » est un prélude aux guerres robotisées.

6. « CERCLE VERTUEUX DE L'AUTOMATION »

Le « cercle vertueux de l'automation » est un processus par lequel les activités d'un secteur économique donné sont progressivement automatisées, entraînant la montée concomitante en qualification des salariés. L'accroissement du niveau d'automation et de qualification de la main d'œuvre crée une spirale positive de gains de productivité qui favorise la croissance des entreprises et donc la croissance économique.

7. « STADE RACINAIRE »

Les évolutions technologiques suivent le même processus de croissance que les plantes. Les plantes commencent par développer leurs racines (partie invisible) avant de développer leur feuillage (partie visible). Le « stade racinaire » désigne un moment particulier où les innovations se multiplient sans que leurs effets soient pleinement visibles. De mon point de vue, les effets de la robotisation seront très nettement perceptibles dans 10 ans.

8. « PLATEAU »

Le « plateau » désigne les compétences de base que doit posséder tout salarié qui veut s'adapter à la révolution des robots, à savoir : (1) la capacité à rechercher, synthétiser et communiquer de grandes quantités d'informations de façon efficace, (2) la capacité à créer des relations, influencer et convaincre et enfin, (3) la capacité à comprendre et modifier les émotions d'autrui et ses propres émotions (intelligence émotionnelle).

9. « TENTATION DE L'AUTOMATION »

La « tentation de l'automation » renvoie à la propension des décideurs à automatiser leurs activités de production. Si les décideurs automatisent, c'est parce qu'ils sont encouragés dans ce sens par des facteurs économiques, culturels et sociaux. La « tentation de l'automation » peut donc être favorisée ou infléchie en jouant sur ces facteurs. C'est là le rôle que doivent jouer les hommes et les femmes politiques dans leur mission de régulation.

10. « SOFT SKILLS »

Les « *soft skills* » désignent les qualités humaines intrinsèques qui font la personnalité d'un individu. Elles relèvent de l'intelligence émotionnelle. Par opposition aux « *hard skills* » : les savoir-faire et compétences techniques validés par une formation. Dans les « *soft skills* », on trouve la capacité à influencer, négocier, comprendre, faire preuve d'empathie, apaiser ou écouter etc. Les « *soft skills* » restent pour l'instant hors de portée des robots.

11. « REVENU UNIVERSEL »

Le revenu universel est une allocation versée chaque mois à tous les citoyens d'un pays (étudiants, salariés, retraités etc.) sans condition d'âge ou de ressources. Selon les projets politiques, cette allocation varie de quelques centaines d'euros à plus de 1000 euros par mois. Le revenu universel fait actuellement l'objet d'une expérimentation en Finlande. Le revenu universel est conçu comme une solution face à la raréfaction du travail dans les sociétés très automatisées.

12. « TENTATION DU REPLI »

La « tentation du repli » consiste pour un État à mettre en œuvre tous les moyens possibles (réglementaires, fiscaux etc.) pour limiter la pénétration des nouvelles technologies dans l'économie et ce, afin de préserver les emplois. La « tentation du repli » pourrait se traduire par exemple par une réglementation très stricte sur les véhicules autonomes de façon à limiter la destruction des emplois dans le secteur du transport.

13. « ENTREPRISE PHILANTHROPE »

Les « entreprises philanthropes » sont des entreprises qui conservent dans leurs effectifs des employés dont les emplois ont été supprimés pour des raisons financières et/ou organisationnelles. Cette philanthropie est liée à des motivations intrinsèques telles que les valeurs de l'entreprise, la politique sociale ou l'image de marque auprès du grand public. Ces entreprises refusent de licencier, créant un « stock d'emplois » qui devraient normalement être détruits.

14. « ENTREPRISE-PROVIDENCE »

« L'entreprise-providence » est la croyance dans le fait que l'entreprise veille aux intérêts des salariés, leur assurant une protection contre les menaces extérieures, notamment la perte de leur emploi. « L'entreprise-providence » est une croyance héritée de la culture des grandes entreprises paternalistes du XIXème siècle de l'industrie minière du nord de la France. Elle est associée à la croyance dans l'État-Providence.

15. « INTERACTIONS CRÉATIVES »

Les « interactions créatives » sont des interactions humaines spécifiques car elles impliquent un échange d'informations et d'émotions conduisant à la résolution d'un problème ou à l'émergence d'une idée, d'un objet ou d'un comportement nouveau. Ces interactions sont les seules à demeurer encore hors de portée des robots. Les interactions humaines « non créatives » sont automatisables grâce à des robots conversationnels appelés *chatbots*.

16. « ESPÉRANCE PROFESSIONNELLE »

Par « espérance professionnelle », j'entends les possibilités d'évolution perçues par les personnes quant à l'amélioration de leur situation professionnelle (progression de rémunération, amélioration du statut social, diminution de la pénibilité etc.). Ces « possibilités » peuvent faire accepter un travail difficile dans la mesure où celui-ci est perçu seulement comme une étape transitoire et non comme une situation définitive.

17. « DÉSINTÉGRATION SOCIALE »

La « désintégration sociale » est un phénomène d'exclusion progressive d'une partie de la population d'une nation ne répondant plus à certaines caractéristiques socio-économiques. Dans les sociétés industrialisées, entre 30 et 60 ans, les individus doivent avoir un travail pour s'intégrer.

L'automation réduit les possibilités même de cette intégration pour les populations les moins qualifiées, créant ainsi un phénomène de désintégration sociale.

18. « RECHERCHE EN AUTOMATION »

La « recherche en automation » est un processus qui vise à identifier les solutions techniques disponibles (machines, logiciels, interfaces etc.) pour automatiser totalement ou partiellement les fonctions d'une organisation. La « recherche en automation » doit permettre de réaliser à court, moyen et long terme des gains de productivité afin de réorienter les profits de l'entreprise vers l'investissement.

19. « AGILITÉ DIGITALE »

« L'agilité digitale » correspond au niveau d'aisance d'une personne dans l'usage des outils digitaux. Cette aisance implique (1) des compétences physiques (dextérité des doigts pour manipuler les interfaces numériques[2]), (2) des compétences intellectuelles (vitesse de traitement de l'information, capacités attentionnelles) et (3) des compétences transverses comme la capacité à se repérer dans un environnement virtuel.

20. « CULTURE DIGITALE »

« La culture digitale » est un ensemble de croyances et de logiques comportementales qui poussent les individus à

[2] Il faudra bientôt ajouter la « dextérité vocale » pour se faire comprendre plus rapidement et utiliser plus efficacement les outils de reconnaissance vocale comme *Alexa* ou *Google Home*.

recourir à des solutions automatisées avant de recourir à des solutions humaines. Par exemple, une personne qui possède une « culture digitale » recherchera d'abord une information sur Internet (texte, vidéo etc.) avant de poser la question à un être humain. La culture digitale se traduit par une grande confiance dans le digital.

21. « ILLETTRISME DIGITAL »

« L'illettrisme digital » désigne l'incapacité à utiliser les outils digitaux pour des opérations quotidiennes. Le fait de ne pas avoir d'adresse e-mail, de ne pas être capable de rédiger un courriel, de remplir un formulaire ou de consulter son compte en banque sur Internet est un signe de cette difficulté. Les personnes qui souffrent « d'illettrisme digital » voient leurs chances de s'insérer sur le marché du travail fortement réduites.

22. « INFORMATIQUE À PAPA »

« L'informatique à papa » renvoie à l'idée d'une conception désuète des compétences en informatique. Hier, un salarié qui maîtrisait l'informatique était un salarié qui maîtrisait le Pack Office de Microsoft (Word, Excel principalement). Aujourd'hui, la maîtrise du digital, c'est autre chose. Il s'agit d'être en capacité d'évoluer dans des environnements digitaux de différentes natures dont les interfaces numériques, les CRM, les sites web, les réseaux sociaux, le marketing automation, les outils communautaires comme *Workplace (Facebook Entreprise).* Là est la modernité.

23. « DÉBOTALISATION »

La « Débotalisation » est un phénomène socio-économique nouveau alliant robotisation et délocalisation. Les conséquences de la « Débotalisation » sont à la fois une destruction d'emplois et un transfert massif de la valeur ajoutée dans des pays étrangers. Ce phénomène est illustré par le cas de *Watson, l'IA*[3] d'IBM. Le service client n'est plus assuré par un conseiller clientèle humain qui travaille en France mais par une intelligence artificielle qui opère aux États-Unis.

24. « TRANSFORMATION DIGITALE »

La « transformation digitale » désigne le processus qui consiste, pour une organisation, à intégrer pleinement les technologies digitales dans l'ensemble de ses activités (marketing, vente, communication interne, stockage des données, suivi de la qualité, management et ressources humaines). Cette transformation doit s'accompagner du développement d'une « culture digitale » permettant l'appropriation des outils par les salariés.

25. « CDD TREMPLIN »

Un « CDD TREMPLIN » est un contrat d'une durée maximale de 36 mois applicable à des postes répétitifs et sans évolution professionnelle possible. Ces CDD sont dits « tremplins » car ils débouchent systématiquement sur un bilan de compétences et la possibilité de suivre une formation professionnalisante.

---

[3] Intelligence artificielle.

Bilan de compétences et formation sont financés par un surcoût pour les entreprises qui y ont recours. L'objectif est de limiter les maladies professionnelles et le chômage de longue durée.

26. « L'EMPATHIE INFORMATIQUE »

« L'empathie informatique » est un principe basé sur la mise en place de seuils de tolérance dans le fonctionnement des machines de façon à les rendre plus « humaines ». Il s'agit de rendre non-systématiques leurs actions notamment lorsqu'elles réalisent des opérations de contrôle. En effet, aucun être humain n'est capable de respecter 100% des règles dans 100% des cas. Cet idéal est un idéal totalitaire qui n'est pas acceptable et ne sera pas accepté par les citoyens. Il est donc nécessaire de mettre des garde-fous.

SOMMAIRE

INTRODUCTION :

CHAPITRE 1 :

CHAPITRE 2 :

CHAPITRE 3 :

CONCLUSION :

INTRODUCTION :

POURQUOI VOUS DEVEZ LIRE CE LIVRE ?

POURQUOI J'AI ÉCRIT CE LIVRE ?

« Un pessimiste voit la difficulté dans chaque opportunité, un optimiste voit l'opportunité dans chaque difficulté. »

WINSTON CHURCHILL

•••

Je dirige le groupe Orient'Action®, un réseau de cabinets de conseil en évolution professionnelle. Chaque année, nos équipes accompagnent plusieurs milliers de salariés qui cherchent à changer de métier, à se former, à créer une entreprise ou à valider un diplôme. Ces personnes bénéficient au sein de nos cabinets d'une expertise, d'un conseil et d'un accompagnement. Nous accompagnons également les entreprises dans la gestion prévisionnelle de leurs emplois et de leurs compétences. C'est dans le cadre de cette activité que j'ai initié mes recherches sur *la révolution des robots.*

En tant qu'observateur, je constate chaque jour le manque de préparation des salariés et des entreprises face à cette transformation profonde de l'économie que constitue la robotisation. Je vois des salariés « découvrir » au moment de l'annonce d'un plan social que leur emploi va disparaître. Je vois des entreprises qui sont contraintes, n'ayant pas remis en question leurs organisations, leurs processus et leurs modes de production, de licencier leurs salariés par centaines et ce, à cause d'une innovation technologique qu'elles n'avaient pas anticipée.

Les salariés sont trop souvent aveuglés par leur confiance dans « l'entreprise-providence[4] ». Il conviendrait pourtant de prendre conscience de la nécessité de s'informer sur l'avenir de leur emploi et piloter de façon proactive leur carrière professionnelle. Bien travailler, être sérieux et engagé ne suffit plus. Il faut aussi développer une vraie stratégie pour anticiper les évolutions du marché et les besoins des employeurs. *La révolution des robots* constitue une rupture qu'ils ont à anticiper pour mieux s'y adapter en comptant d'abord et avant tout sur eux-mêmes.

Une promesse non tenue

Toute ma jeunesse, mes parents et mes professeurs en qui j'avais une grande confiance m'ont répété : « si tu travailles à l'école, si tu fais des études, alors tu auras un emploi sûr et bien rémunéré ». J'ai travaillé dur à l'école, j'ai fait

[4] « L'entreprise-providence » est la croyance dans le fait que l'entreprise veille aux intérêts des salariés, leur assurant une protection contre les menaces extérieures, notamment la perte de leur emploi. «L'entreprise-providence » est une croyance héritée de la culture des grandes entreprises paternalistes du XIXème de l'industrie minière du nord de la France. Elle est associée à la croyance dans l'État-Providence.

des études, j'ai même fait des études poussées puisque j'ai obtenu le diplôme le plus élevé qui existe dans la hiérarchie des diplômes : un doctorat[5]. Et pourtant, lorsque j'ai cherché un emploi avec ce diplôme, je n'en ai pas trouvé. Ce jour-là, je me suis senti comme un imbécile d'avoir cru à la promesse des adultes. J'avais 28 ans. Ce jour-là, j'ai décidé de prendre mon destin en main et de créer mon entreprise. Ma liberté et ma sécurité, je la construis chaque jour grâce à mon travail.

Dans les sociétés modernes, le travail est le pilier de l'existence. Le travail est ce qui assure à l'individu la liberté et la sécurité. Autrefois, il y avait l'État avec ses aides diverses, la famille avec son soutien moral et matériel, le couple avec la solidarité entre conjoints. Aujourd'hui, l'État est en situation de surendettement, 50% des couples mariés divorcent et les retraités sont contraints d'épargner jusqu'à 80 ans pour financer la dépendance du grand âge. Si les individus veulent conserver la maîtrise de leur destin, il leur faut travailler.

CHAQUE INDIVIDU DOIT D'ABORD COMPTER SUR LUI-MÊME ET SUR SA CAPACITÉ À TRAVAILLER POUR ASSURER SA LIBERTÉ ET SA SÉCURITÉ.

Les entreprises fonctionnent à flux tendu. Les dirigeants naviguent à vue dans un contexte de marges faibles, de

[5] En réalité, il existe un diplôme délivré au-delà du doctorat : l'habilitation à diriger des recherches (HDR).

contraintes réglementaires grandissantes, de risques juridiques, financiers et sociaux qui se multiplient. Ils peinent à anticiper les évolutions technologiques. Les challengers sont de plus en plus nombreux. Ils viennent de partout dans le monde et attaquent les marchés nationaux grâce à une main d'œuvre à bas coût, évoluant dans un contexte dépourvu de toute réglementation sociale ou écologique[6].

Dans ce contexte, il n'est pas évident de prendre le temps de respirer, de regarder loin devant, d'analyser les opportunités et les risques pour développer une stratégie qui permette à la fois d'accroître sa productivité tout en préservant les emplois. *La révolution des robots* constitue une opportunité gigantesque de développer la productivité des entreprises (et des administrations) en même temps qu'elle constitue un risque majeur de les voir disparaître. Les entreprises qui sauront prendre ce virage seront celles qui domineront les marchés de demain.

LES ENTREPRISES QUI SAURONT UTILISER LES ROBOTS SERONT LES ENTREPRISES QUI DOMINERONT L'ÉCONOMIE DE DEMAIN.

Face à cette révolution, le rôle du groupe Orient'Action® est d'éclairer les salariés, pour leur permettre de développer

---

[6] Chaque semaine, je reçois en moyenne trois à quatre offres de service émanant de sociétés implantées aux États-Unis, en Allemagne, au Royaume-Uni ou en Inde. J'ai même reçu récemment une offre de service en développement informatique d'une société implantée au Pakistan... Le marché des prestations de services et donc le marché du travail est maintenant totalement mondialisé.

leur liberté et leur sécurité professionnelles, et les amener à réaliser des choix d'orientation et de formation pertinents. L'objectif, pour un salarié, ne doit-il pas être de développer via la formation, des compétences qui ne pourront être remplacées par des robots ? Notre objectif est d'aider les salariés à profiter des opportunités offertes par cette révolution technologique tout en se prémunissant de ses risques.

Notre rôle est aussi d'éclairer les entreprises pour les aider à détecter dans les innovations, celles qui leur permettront de développer leur productivité. J'ai une conviction : une entreprise qui améliore sa productivité est une entreprise qui croît et donc qui recrute. C'est en aidant les entreprises à devenir plus productives que l'on renforce et développe l'économie locale. Les entreprises et les salariés partagent à ce sujet les mêmes intérêts. Ils peuvent donc faire alliance pour progresser ensemble par la formation et l'automation.

UNE ENTREPRISE QUI AMÉLIORE SA PRODUCTIVITÉ EST UNE ENTREPRISE QUI CROÎT ET DONC QUI RECRUTE.

L'objectif de ce livre est une occasion pour les salariés et les entreprises de découvrir notre approche. Ceux qui y adhèrent pourront par la suite nous contacter pour bénéficier de nos missions de conseil et d'accompagnement. Ce livre est un premier pas pour mieux comprendre l'avenir et donc s'y préparer. La révolution des robots est en marche. Nous ne sommes qu'au début d'une transformation radicale de nos modes de production et donc du marché de l'emploi. Préparons-nous et faisons du changement une opportunité.

QU'Y A-T-IL DE RÉELLEMENT NOUVEAU DANS LA RÉVOLUTION DES ROBOTS ?

« La création de l'intelligence artificielle serait le plus grand événement de l'histoire de l'humanité. Mais il pourrait aussi être l'ultime. (...) Une telle forme d'intelligence pourrait s'émanciper et même améliorer sa propre conception à une vitesse toujours croissante. Les humains, limités par leur évolution biologique lente, ne pourraient pas rivaliser, et seraient détrônés. »

STEPHEN HAWKING

• • •

La robotisation et l'automatisation ne sont pas des phénomènes nouveaux. Cela fait près de 150 ans que les machines ont fait leur apparition. Elles sont la cause de la Révolution industrielle débutée en Angleterre à la fin du XIXème siècle. Les usines, notamment dans le secteur automobile, sont déjà largement automatisées, permettant ainsi d'améliorer la productivité tout en réduisant l'exposition des salariés à des tâches pénibles ou à des produits toxiques. Alors, pourquoi consacrer un nouveau livre à un phénomène qui n'est finalement pas si nouveau que cela ?

1 LA ROBOTISATION TOUCHE TOUS LES SECTEURS DE L'ÉCONOMIE

La première différence est qu'auparavant, la robotisation et l'automatisation ne touchaient qu'une part restreinte de l'économie, à savoir les usines et les exploitations agricoles. Ce fut dans les secteurs primaire (agriculture) et secondaire (industrie) de l'économie, là où les cadences étaient fortes, les métiers pénibles et très spécialisés que les « robots » firent d'abord leur apparition. Ces secteurs sont ceux qui ont connu une réduction massive du nombre d'emplois au cours du siècle dernier grâce à la mécanisation puis à la robotisation.

AUJOURD'HUI LA ROBOTISATION CONCERNE LE SECTEUR TERTIAIRE.

Aujourd'hui la robotisation concerne le secteur tertiaire. Cette robotisation, qui a commencé avec le développement de l'ordinateur personnel, s'est considérablement accélérée avec l'émergence et le développement d'Internet et du téléphone mobile. Tous les métiers des services sont concernés. On voit des comptables, des secrétaires, des commerciaux, des managers remplacés par des algorithmes et des logiciels informatiques spécialisés. La nouveauté est qu'aucun métier n'est épargné, même ceux que l'on pensait hors d'atteinte des robots[7].

Héliograf : le robot-journaliste du Washington Post

Depuis janvier 2016, le Washington Post utilise un robot-journaliste pour rédiger des articles. Baptisée Héliograf, cette intelligence artificielle, a déjà signé plus de 800 textes sur des actualités politiques et sportives. Ses capacités de rédaction sont étonnantes puisqu'il peut rédiger très rapidement des articles simples sur des sujets d'actualité brûlants.

L'écriture était auparavant une activité complexe que l'on croyait réservée aux êtres humains. Elle ne l'est plus. Si aujourd'hui Héliograf se contente de rédiger des textes simples, nul doute qu'il sera en capacité dans les années à venir de rédiger des articles de plus en plus complexes sur des sujets de plus en plus nombreux.

De nombreux journaux se sont équipés de tels systèmes qui leur permettent de créer à bas coût une grande quantité de contenus et donc d'améliorer leur référencement sur Internet. Faire rédiger autant d'articles par des êtres

---

[7] Un « robot » est un système automatisé pouvant prendre différentes formes (appareil mécanique, électronique, logiciel informatique, bras robotisé, humanoïde etc.) à qui un être humain peut déléguer la réalisation d'une tâche de façon dirigée ou autonome. Le terme « robot » désigne donc un système automatisé de façon large. Un robot peut être doté d'une intelligence artificielle, mais pas nécessairement.

humains serait beaucoup trop long et coûteux. Reste à trouver le public capable d'emmagasiner toute cette masse d' informations, des robots-lecteurs peut-être...

2 LA ROBOTISATION TOUCHE TOUS LES MÉTIERS

La deuxième différence est qu'auparavant la robotisation touchait en priorité des postes faiblement qualifiés. La machine venait remplacer un être humain quand celui-ci réalisait une tâche ingrate et répétitive. Le robot détruisait des emplois aliénants ! Cela permettait de l'accepter plus facilement dans notre système de valeurs et de le faire entrer dans l'écosystème de travail avec une grande satisfaction pour les dirigeants d'entreprise, améliorant leurs profits et pour les salariés déléguant les tâches les plus pénibles.

LA ROBOTISATION TOUCHE MAINTENANT DES MÉTIERS INTELLECTUELS QUI NE SONT PAS FORCÉMENT DES MÉTIERS PÉNIBLES.

La robotisation touche maintenant des métiers intellectuels, qui ne sont pas forcément des métiers aliénants. Les robots peuvent aujourd'hui remplacer des êtres humains sur des emplois jugés intéressants et prisés socialement. On voit ainsi apparaître des algorithmes capables de recruter, d'établir un diagnostic médical, de faire une recherche complexe sur des textes de lois ou encore d'investir en bourse en assurant à leur propriétaire un rendement financier intéressant. Les robots occupent de plus en plus des emplois intéressants.

Le robot-trader

J'ai enseigné à l'École Nationale des Ponts et Chaussées. Cette école qui forme l'élite française possède une tradition de formation d'ingénieurs mathématiciens destinés à la finance. Il y a encore une vingtaine d'années, les grandes banques d'affaires recrutaient pour leurs services de trading les meilleurs ingénieurs pour réaliser des investissements en bourse.

Et puis est né, le High Frequency Trading (HFT). Le HFT ou trading à haute fréquence est un type particulier de trading où les transactions sont effectuées à grande vitesse par des logiciels informatiques se basant sur des algorithmes mathématiques. Dit autrement, ce ne sont plus des Hommes qui investissent, mais des robots.

En Europe, 35% des transactions sont réalisées avec le HFT. Aux États-Unis, c'est 75%. Cela signifie que des emplois hautement qualifiés comme ceux de traders, qui employaient auparavant les meilleurs ingénieurs, sont dorénavant occupés par des robots. Parmi les meilleurs ingénieurs, seuls quelques-uns ont conservé leur emploi.

Ce sont eux qui mettent au point les algorithmes des HFT[8].

---

[8] En 2000, 5500 agents de change arpentaient le parquet de la Bourse de New York. On en compte aujourd'hui moins de 400 (*Harvard Business Review*, 2016).

3 LES COÛTS DE LA ROBOTISATION SE SONT CONSIDÉRABLEMENT RÉDUITS

La troisième et dernière différence tient au coût des robots. Acheter un robot industriel ou agricole coûte cher. Cela coûte même très cher. Un robot industriel ou agricole coûte plusieurs dizaines voire plusieurs centaines de milliers d'euros. Automatiser un emploi représente un coûteux investissement qui nécessite des ressources financières importantes. Cela explique que le taux d'automatisation est resté relativement faible. On ne robotise une activité que lorsque les contraintes de production rendent cette automatisation rentable.

LA VÉRITABLE RÉVOLUTION DU NUMÉRIQUE EST QU'AUTOMATISER UNE TÂCHE EST DEVENU TRÈS PEU COÛTEUX.

L'automatisation des tâches dites « intellectuelles » coûtent beaucoup moins cher qu'avant. Créer un *chatbot* qui va renseigner les clients d'une grande compagnie d'assurances sur les meilleurs produits assurantiels coûte seulement quelques milliers d'euros. Ce *chatbot* pourra renseigner par la suite des centaines de milliers de clients, à qui il vendra des centaines de milliers de contrats. Il remplacera des milliers de téléconseillers, maximisant ainsi les profits de l'entreprise mais réduisant d'autant le nombre de salariés employés par cette entreprise.

Les chatbots !

Un chatbot c'est un robot conversationnel ! Comprenez, un petit programme informatique capable de répondre à des clients, des fournisseurs ou des collaborateurs. Les chatbot sont des robots qui remplacent les êtres humains pour communiquer. Ils ont fait leur apparition depuis une dizaine d'années sur le web.

Maintenant, ce sont des secteurs entiers de l'économie qui font appel à leurs services telles les banques et les compagnies d'assurances, des secteurs traditionnellement gourmands en main d'œuvre. Ces robots sont capables de fournir des conseils sur les choix de produits bancaires ou assurantiels aux clients qui achètent des prestations sur Internet.

En se complexifiant et grâce au développement de l'intelligence artificielle, ces robots seront un jour capables de gérer le processus de vente d'un produit bancaire ou assurantiel standardisé sans intervention humaine. Il se peut qu'un jour les banques ou les compagnies d'assurances connaissent ce que connut l'agriculture en son temps : la quasi-disparition des travailleurs humains[9]*.*

---

[9] Au milieu du XIXème siècle, un actif sur deux travaillait dans l'agriculture. Aujourd'hui en France, les agriculteurs représentent moins de 3 % de la population active *(Source : Insee).*

Le processus de robotisation du XXIème siècle sera global. Il touchera tous les secteurs de l'économie et quasiment tous les métiers, même ceux qui semblaient jusqu'à présent hors de portée de l'automatisation. Cette dernière se fera à des coûts si bas que son développement et sa propagation vont être sans précédent. Les conséquences sur l'emploi, le fonctionnement des entreprises, leurs modèles de développement et de production vont être considérables. Cette révolution va tout bouleverser ! Voilà pourquoi il faut s'y préparer !

QU'EST-CE QUE LA RÉVOLUTION DES ROBOTS ET QU'EST-CE QUI NOUS ATTEND RÉELLEMENT ?

« Qu'il soit durable ou temporaire,
qu'il empire ou non, le chômage, on ne saurait
le contester, est et a toujours été un fléau. »

JOSEPH SCHUMPETER

•••

La révolution des robots va entraîner une transformation profonde de l'économie. Elle va rebattre les cartes des donneurs d'ordres traditionnels. La hiérarchie entre les acteurs économiques sera remise en question. Des verrous concurrentiels vont sauter. Les salariés, s'ils veulent conserver leur emploi, ont l'obligation de se préparer. Les entreprises, si elles veulent survivre dans un environnement économique imprévisible et disruptif, doivent anticiper. Les hommes et les femmes politiques ont la responsabilité d'accompagner ces changements.

① L'APPARITION IMPRÉVISIBLE DE CHALLENGERS ULTRA-COMPÉTITIFS

Aujourd'hui, il existe des milliers de médecins, de psychologues, d'orthophonistes etc. Chaque jour, ces professionnels prodiguent des conseils et des soins à des milliers de patients. Ils établissent des diagnostics et mettent en place des plans d'actions correctives pour les aider à modifier positivement leur état. Ces emplois sont, en apparence tout du moins, extrêmement complexes. Pour les occuper, il est nécessaire de faire de longues études pour acquérir une grande expertise technique. Il est aussi nécessaire de développer son intelligence sociale.

Ces emplois, du fait de leur apparente complexité, semblent hors de portée des robots. Or, si ces emplois semblent complexes, c'est aussi parce que personne n'a jusqu'à présent pris le temps de modéliser les tâches qui les composent sous la forme d'un processus. Ce processus une fois décomposé pourrait ensuite être automatisé en partie ou en totalité. Ces métiers sont des métiers artisanaux comme il existait des artisans fabriquant des vêtements, de la vaisselle et même des voitures avant la Révolution industrielle du XIXème siècle.

LA QUESTION N'EST PAS DE SAVOIR SI UN MÉTIER SERA AUTOMATISÉ OU PAS, MAIS QUAND IL LE SERA.

Que se passera-t-il lorsqu'un robot sera capable d'établir un diagnostic médical avec une marge d'erreur inférieure à celle d'un médecin humain ? Que se passera-t-il lorsqu'à la manière des logiciels d'apprentissage des langues, des logiciels permettant de corriger la diction feront leur apparition et permettront de guérir la dyslexie ou le bégaiement ? Que se passera-t-il lorsque des robots seront capables d'écouter des patients, d'analyser les causes de leur mal-être et de leur proposer des solutions pour améliorer leur santé psychique ?

Babbel !

Depuis la nuit des temps, les êtres humains apprennent des autres êtres humains. Dans les sociétés industrialisées, cette fonction de transmission de la connaissance est assurée par les professeurs. Le métier de professeur semble aussi complexe que le métier de médecin, d'orthophoniste ou de psychologue. Il nécessite une expertise technique pointue dans certains domaines et une grande intelligence sociale. Pourtant, ces dernières années, des milliers de professeurs ont été remplacés par des robots sans que personne ne s'en aperçoive.

Auparavant, lorsque vous souhaitiez apprendre à parler anglais, vous vous mettiez en quête d'un professeur d'anglais. Celui-ci vous donnait alors des leçons d'anglais dans le cadre de cours individuels ou collectifs. Et puis est arrivé Babbel. Pour 9,90 euros TTC par mois, vous disposez d'un système informatique qui vous apprend l'anglais. Vous réalisez vos leçons quand et où vous le souhaitez et vous apprenez vite et bien. On a divisé le coût de l'apprentissage de l'anglais par cinquante et améliorer l'efficacité de l'apprentissage d'une langue.

J'ai personnellement testé ce système. J'ai plus appris avec lui qu'en dix ans de cours d'anglais au collège et au lycée. Cela me rend triste de penser à tout le temps que j'ai perdu dans ces cours (et au temps perdu par mes professeurs). Ce système est plus performant qu'un être humain tout simplement parce qu'il est constitué d'un seul processus sans cesse amélioré par ses concepteurs, en fonction des résultats des élèves. Babbel est un professeur toujours disponible, et disposant des meilleures techniques d'enseignement qui existent.

Avec l'émergence de cette application, ce sont plusieurs milliers de professeurs d'anglais qui ont disparu. Seuls les professeurs d'anglais natifs[10]*, ayant une réelle valeur ajoutée par rapport au logiciel, ont conservé leur emploi. Imaginez que demain, on décide de propager ce système à l'enseignement des langues à l'école. Ce sont des milliers de postes de professeurs d'anglais, dont les cours sont malheureusement bien souvent inutiles, qui seraient supprimés. Il y a peu de chances qu'un gouvernement ose prendre ce type de mesures mais…*

Mais pourquoi conserver le système traditionnel d'apprentissage des langues, système inefficace et extrêmement coûteux alors qu'il existe une solution beaucoup plus efficiente et beaucoup moins cher[11] *! Ici*

---

[10] « Natif » signifie « né dans un pays de langue anglaise ».

[11] Selon le dernier sondage d'*Éducation First* de décembre 2015, la France se classerait, en ce qui concerne l'apprentissage de la langue anglaise, au dernier rang européen et 37ème au niveau mondial sur 70 pays non anglophones et ce, alors qu'elle consacre près de 150 milliards d'euros par an à son système éducatif *(Source : Les Échos, 21/04/2016).*

intervient le choix des femmes et des hommes politiques qui ont pour rôle d'apporter de la régulation face à l'arrivée des nouvelles technologies. Apporter de la régulation ne doit néanmoins pas se résumer à bloquer le changement pour préserver le statu quo ou les intérêts de quelques-uns. Il faut savoir tirer parti de la technologie des robots.

2 UNE DESTRUCTION MASSIVE D'EMPLOIS DANS TOUS LES SECTEURS

L'arrivée de ces challengers entraîne une destruction massive d'emplois dans tous les secteurs de l'économie. Dans le secteur industriel, ces destructions d'emplois font grand bruit car elles entraînent des fermetures d'usines qui sont très souvent relayées par la presse et donnent lieu à des conflits plus ou moins violents entre direction et salariés. Mais dans de très nombreux secteurs, ces destructions passent inaperçues. Les emplois disparaissent sans que personne n'en parle. Pourtant les chiffres du chômage s'en ressentent.

Pensez à ce qui est arrivé à l'entreprise *Kodak*. *Kodak* était une entreprise florissante. Et puis le numérique est arrivé ! Et cette entreprise est simplement devenue inutile. Tous les salariés de *Kodak* travaillaient dur pour faire fonctionner cette entreprise. Cela ne les a pas empêchés de se retrouver sans emploi du jour au lendemain. C'est comme une personne qui possède une jolie maison au cœur de la forêt. Tout se passe bien jusqu'au jour où il y a un incendie qui détruit tout et ne laisse rien. C'est soudain, imprévisible et très brutal[12].

LES RAYONS DES HYPERMARCHÉS SE VIDENT CAR UN SEUL PRODUIT PARVIENT À EN REMPLACER PLUSIEURS DIZAINES.

Pensez à ce qui est arrivé dans le secteur de la musique avec l'arrivée du MP3. Les maisons de disques engrangeaient des profits considérables quand la musique était commercialisée sur des supports physiques comme la cassette ou le CD. Et puis le MP3 est arrivé. La disparition du support physique a bouleversé le secteur car l'essentiel de la valeur ajoutée des maisons de disque consistait à produire des supports physiques de qualité et à les distribuer. Certes, le piratage a accéléré le processus mais il était déjà en marche[13].

Linky

L'arrivée de Linky, le robot qui « relève » les compteurs électriques a nécessité des investissements massifs de la

---

[12] Au sommet de sa gloire, *Kodak* employait 145 300 salariés. Aujourd'hui, il reste seulement 7000 personnes à travailler pour la firme à la suite de différents plans de réduction d'effectifs.

[13] La valeur ajoutée des maisons de disques reposait en fait sur trois compétences : la détection des artistes, la production de supports physiques et la diffusion de ces supports au travers de circuits de distribution établis. Le support numérique a réduit cette valeur à peau de chagrin. La musique est maintenant librement diffusée sur internet. Ce sont donc les internautes qui détectent eux-mêmes les talents. La musique est ensuite diffusée sur supports numériques ou en streaming. Cela rend inutiles les supports physiques et les réseaux de distribution. Une innovation comme le MP3 a supprimé des dizaines de milliers d'emplois dans les maisons de disques mais aussi dans les secteurs de la logistique, du transport et de la vente.

part d'EDF et de vraies créations d'emplois tant pour sa conception que pour son installation. Mais maintenant qu'il est en place, le petit robot s'apprête à grignoter les effectifs du géant de l'électricité et de ses sous-traitants.

Selon différentes sources, EDF prévoit de supprimer près de 5000 postes sans licenciement entre 2016 et 2019, soit un peu plus de 6% des effectifs d'EDF SA, qui en compte un peu moins de 70 000. Par ailleurs, les suppressions de postes touchent également les services de R&D qui vont passer de 2700 aujourd'hui à un peu plus de 2000.

Le cas Linky en dit long sur les conséquences des innovations technologiques. Elles servent avant tout à économiser de la masse salariale et à augmenter les profits de l'entreprise. Dans des secteurs matures comme l'électricité, l'objectif de la robotisation se limite bien souvent à réduire les coûts pour améliorer la rentabilité de l'entreprise.

En réalité, dans le cas de Linky, les suppressions d'emplois touchent surtout les sous-traitants. Les entreprises chargées de réaliser la relève des compteurs électriques ont presque toutes disparu. Que sont devenus tous ces techniciens, sans doute persuadés que leur emploi ne disparaîtrait jamais, qui passaient relever les compteurs dans les entreprises et au domicile des particuliers ?[14]

[14] On voit apparaître actuellement, un peu sur le tard il est vrai, des poches de résistance avec des particuliers refusant de voir installer le compteur à leur domicile.

3 LE TRANSFERT DE LA VALEUR AJOUTÉE AUX FABRICANTS DE ROBOTS

Dans une organisation économique basée sur l'artisanat, la valeur ajoutée revient au producteur. Dans une organisation industrielle, celle-ci revient aux détenteurs des moyens de production. Dans une organisation basée sur la robotique, elle revient aux concepteurs de robots. Ce sont eux qui captent l'essentiel de la valeur car d'une part, le producteur, remplacé par le robot, a disparu et d'autre part, parce que la capacité de production du détenteur du robot dépend entièrement de la volonté du concepteur de lui fournir ou pas le robot.

LES TRADERS LES MIEUX RÉMUNÉRÉS SONT CEUX QUI CRÉENT DES ALGORITHMES ET DES INTELLIGENCES ARTIFICIELLES.

Aujourd'hui les traders les mieux rémunérés ne sont pas ceux qui savent faire les investissements les plus rentables[15]. Les traders les mieux rémunérés sont ceux qui créent des algorithmes et des intelligences artificielles qui réalisent des investissements juteux pour leurs clients, les banques d'affaires et d'investissement. Mais demain, qu'est-ce qui empêchera l'un de ces traders et de ses robots de réaliser lui-même les investissements en captant directement les flux financiers et en court-circuitant ses clients traditionnels trop bien rémunérés ?

---

[15] Warren Buffet est l'archétype de l'homme d'affaires avisé qui sait choisir les entreprises dans lesquelles il investit. Warren Buffet est le dernier dinosaure d'un monde de la finance qui a déjà disparu.

Les médecins qui sont à la pointe ne sont plus d'excellents praticiens mais les médecins qui inventent des solutions technologiques capables d'apporter un diagnostic fiable à plusieurs millions de patients. Les meilleurs professeurs ne sont pas ceux qui enseignent mais ceux qui créent des systèmes numériques pour enseigner. Aujourd'hui ils ont besoin du soutien d'un hôpital ou d'une université. Mais il est possible qu'ils puissent demain se passer totalement de ces institutions en fournissant diagnostics et cours directement à leurs clients.

Steve Jobs, le destructeur

Steve Jobs est à mon sens l'archétype de cette nouvelle caste de concepteurs. Car Steve Jobs n'a pas créé un téléphone. Il a en fait créé un robot capable de réaliser des dizaines de tâches de façon automatique ou guidée par son utilisateur.

Steve Jobs est la fois un créateur et un destructeur car en même temps qu'il inventait un appareil de télécommunication révolutionnaire, il a détruit des centaines de milliers d'emplois aux quatre coins de la planète. Je m'explique.

Je réalise très régulièrement des vidéos dans le cadre de mon activité professionnelle. Auparavant, pour réaliser ces vidéos, je possédais un appareil photo ultrasophistiqué Canon 5D, un enregistreur professionnel Zoom4, un micro-cravate Philipps, un caméscope numérique Philipps et tout un tas de petits matériels (supports, piles, cartes SD etc.) pour faire fonctionner l'ensemble et produire une vidéo de bonne qualité. Tout ce matériel tenait dans un sac. Le tout constituant un investissement de plus de de 6000 euros HT immobilisés et rapidement dépréciés.

En 2018, à la suite de la perte de mon précédent portable -un iPhone 6- j'ai acheté l'iPhone X. Je me suis alors aperçu que la qualité du son et des vidéos égalait celle de mon matériel professionnel[16]. J'ai donc troqué mon gros sac et tout le matériel qu'il contenait pour mon smartphone... J'ai remercié Steve Jobs d'avoir créé cet appareil génial et me suis mis à l'utiliser pour chacune de mes créations.

En utilisant au maximum les capacités du dernier iPhone, on peut en réalité se passer d'un grand nombre d'appareils : appareils photos et camescopes bien sûr… mais aussi dictaphone, boussole, montre et réveille-matin... lampe de poche, mètre, calculatrice ou babyphone… mais aussi scanner, MP3 et GPS… ou encore tensiomètre et même... un test de grossesse[17].

Toutes ces applications font gagner aux consommateurs beaucoup d'argent, de temps, d'énergie et de place mais pour les travailleurs c'est une autre histoire… Les usines qui fabriquent tous ces produits ferment les unes après les

---

16 Le cinéaste Steven Soderbergh a tourné son dernier film, *Usane*, entièrement à l'iPhone. Pour lui, c'est le futur du cinéma. Cela veut dire que même les réalisateurs de films diffusés au cinéma pourraient utiliser dans les années à venir cet objet pour tourner leurs films, entraînant ainsi la disparition non seulement des emplois liés à la fabrication du matériel, notamment des caméras professionnelles, mais aussi et surtout des métiers liés à la complexité de l'utilisation de ces matériels comme les machinistes, les caméramans etc.

17 Via l'application *Test de grossesse.*

autres. Et ce sont des milliers de salariés qui se retrouvent au chômage, forcés de retrouver un nouvel emploi ou de se reconvertir. Et nous ne sommes qu'au début de ces évolutions technologiques.

Il faut ajouter que l'iPhone signifie non seulement moins d'usines mais aussi moins de camions sur les routes et moins de vendeurs. Regardez les rayons des hypermarchés. Ne les voyez-vous pas se vider progressivement ? Cela n'est pas seulement dû à la concurrence de la vente sur Internet. Cela est tout simplement lié à la disparition pure et simple de certains produits qui ont aujourd'hui été remplacés par des applications mobiles.

L'iPhone et ses futures versions toujours plus sophistiquées expliquent en grande partie la disparition programmée des hypermarchés en France. Car qu'est-ce qu'un hypermarché privé d'une grande partie de ses produits non alimentaires sur laquelle il réalise sa marge ? Le commerce électronique fera le reste. Cela veut dire que l'un des secteurs les plus résistants aux crises économiques de ces dernières décennies s'apprête à disparaître en quelques années[18].

Préparez-vous, car dans dix ans, un grand nombre d'hypermarchés auront fermé leurs portes aux quatre coins de la France[19].

---

[18] À mon sens, le tournant a été pris en 2018 avec le plus grand PSE de son histoire chez *Carrefour*. Cela ne fait que commencer.

[19] En Afrique, où la grande distribution n'existe pas, le commerce électronique est la principale voie d'approvisionnement en produits non alimentaires. Jumia est l'équivalent africain d'Amazon ou d'Alibaba.

À QUI S'ADRESSE EXACTEMENT CE LIVRE ?

« Gouverner, c'est prévoir. »

ÉMILE DE GIRARDIN

•••

Ce livre s'adresse à trois types de lecteurs, car ils ont l'obligation de se préparer, d'anticiper et d'accompagner la révolution des robots. Les premiers parce que c'est à cette condition qu'ils conserveront leur emploi et assureront leur liberté et leur sécurité. Les deuxièmes parce que c'est à cette condition qu'ils permettront à leur organisation de devenir plus productive et de se développer. Les troisièmes parce que c'est leur rôle que d'accompagner, de prévenir et de réguler les innovations technologiques et leurs effets sur la vie des citoyens.

1 LES SALARIÉS

Imaginez que vous êtes au volant de votre voiture. Vous roulez depuis une heure environ quand vous apercevez au loin devant vous un ciel sombre annonciateur d'orage. Le niveau de luminosité se réduit soudain et une pluie fine commence à tomber. En conducteur sage et prévoyant, vous allumez vos phares (à moins qu'ils ne s'allument automatiquement) et réduisez votre vitesse. Vous êtes aussi plus attentif, car vous savez que c'est dans ces conditions que les risques d'accidents sont les plus élevés. Votre famille confiante ne se rend compte de rien.

Une centaine de mètres plus loin, alors que la pluie s'est mise à tomber, que l'eau a envahi la route et s'est mêlée à des résidus de gomme et d'essence rendant la chaussée particulièrement glissante, vous apercevez un accident. Dans un virage, un conducteur a perdu le contrôle de son véhicule et a fini sa course dans un champ. Lui et les membres de sa famille, légèrement blessés, sortent péniblement du véhicule alors que d'autres automobilistes leur portent secours. Les pompiers arrivent pour prendre en charge la famille de ce conducteur imprudent.

Dans cette histoire, la route c'est votre carrière professionnelle, l'orage que l'on aperçoit au loin, c'est la révolution des robots, les phares c'est ce livre et c'est vous le conducteur qui prenez les décisions qui seront utiles pour protéger votre emploi et ainsi assurer votre liberté et votre sécurité professionnelles. Quant au conducteur imprudent qui a eu l'accident, il représente celui qui continue à se comporter de la même manière quand l'économie est au beau fixe et quand elle est en période de mutation majeure. C'est la sortie de route assurée.

Au cœur des PSE…

Mon groupe Orient'Action® accompagne des salariés en reconversion professionnelle depuis 10 ans maintenant. Nous accompagnons près de 3000 personnes par an dans des projets d'évolution professionnelle. Ces accompagnements se font sous forme individuelle par le biais de bilans de compétences ou dans un cadre collectif par le biais de Plans de Sauvegarde de l'Emploi plus connus sous le nom de PSE par le grand public. Voici le constat que je peux faire après ces dix ans passés aux côtés des salariés et des entreprises.

D'un côté, les salariés anticipent peu leur devenir. Ils font confiance à leur employeur pour piloter leur carrière. Quand des difficultés surviennent, ils attendent de leurs représentants syndicaux et des pouvoirs publics d'être défendus et protégés. C'est la confiance dans l'État-Providence ou dans l'Entreprise-Providence. Lorsqu'une entreprise ferme ses portes ou met fin à une partie de son activité, les salariés le savent souvent depuis plusieurs mois, voire depuis plusieurs années. Et malgré cela, la plupart ne font rien. Ils attendent. Ils attendent parce qu'ils ne savent pas comment réagir à cette situation. Comment anticiper la disparition de son emploi ? Personne ne leur a appris comment réagir à cette situation. Dans les Universités et les grandes écoles, on prépare les étudiants à rechercher un emploi (faire son CV, sa lettre de motivation, réussir un entretien de recrutement), mais on les prépare rarement à perdre leur emploi. Et puis les salariés, qui font face à la nécessité de changer de vie professionnelle, se heurtent à de nombreux freins pour se reconvertir (offre de formation, nécessité de déménager impliquant de se déraciner, de vendre sa maison, manque de vision des possibles, peur du changement etc.).

D'un autre côté, les entreprises n'anticipent pas non plus. Elles manquent elles-mêmes de visibilité sur leur avenir et peinent à communiquer avec leurs salariés sur ce sujet très angoissant. Elles ne veulent pas non plus provoquer une fuite prématurée de leurs meilleurs éléments, car elles ne savent pas quand exactement elles devront mettre fin à leurs activités et quelles seront celles qui seront concernées. Les suppressions d'emplois sont un sujet extrêmement sensible surtout en période de chômage de masse. Sachant qu'elles devront mettre fin à leurs activités, mais sans savoir exactement quand, les entreprises attendent. Elles investissent également assez peu en prospective : quels seront les emplois de demain ? De quelles compétences aurons-nous besoin ? L'expertise dans ce domaine est assez faible en France. Peu de gens ont une expérience et une connaissance suffisantes pour établir des plans de prospective. La GPEC (Gestion Prévisionnelle des Emplois et des Compétences) est un acronyme qui comble souvent un certain vide...[20].

[20] La loi « Avenir Professionnel » (Pénicaud/Macron, 2018) prévoit de déléguer cette mission de prospective aux OPCO. Cette délégation devrait permettre de corriger cette situation.

2 LES DIRIGEANTS D'ENTREPRISE ET LEUR SERVICE RH

Ce livre s'adresse aux dirigeants et à leur service des ressources humaines qui, conscients des opportunités et des menaces de la révolution des robots, prennent le sujet très au sérieux. Je vois au moins deux bonnes raisons pour une entreprise d'anticiper et d'accompagner cette mutation majeure. La première est d'anticiper les plans sociaux. Les plans sociaux, il n'y a rien de pire pour l'attractivité d'une entreprise, pour sa crédibilité et son climat social. Les plans sociaux sont des tueurs de croissance. Voilà pourquoi il faut les éviter à tout prix.

La deuxième raison est d'ordre financier. « Si je veux une entreprise qui se développe, je dois faire du profit. Si je veux faire du profit, je dois maîtriser mes coûts et donc ma masse salariale ». Les robots constituent en cela une opportunité. Les robots permettent de réorienter l'énergie et l'intelligence des salariés vers des tâches à plus forte valeur ajoutée pour l'entreprise et donc de développer sa productivité. Toutes les tâches qui n'ont pas ou peu de valeur, mais qui sont utiles au bon fonctionnement de l'entreprise, peuvent être automatisées.

LES ENTREPRISES ONT À S'EMPARER DE LA RÉVOLUTION DES ROBOTS POUR DEVENIR PLUS PRODUCTIVES.

Les entreprises ont à s'emparer de la révolution des robots pour devenir plus productives. Si elles sont plus productives, elles pourront survivre, croître et embaucher dans des secteurs d'avenir. Bien sûr ce type d'évolution a des impacts forts sur la vie des employés qui travaillent au sein de ces entreprises. Il faut donc accompagner les salariés dans un changement majeur qui consiste à concentrer leur énergie sur les tâches non automatisables et abandonner au profit des robots les tâches automatisables. Une vraie révolution !

Les robots-logisticiens d'Amazon

Amazon est un grand marché, mais c'est surtout une extraordinaire machine logistique. Pour assurer un approvisionnement et des livraisons rapides dans le monde entier tout en réduisant les coûts de stockage, Amazon doit disposer d'un système de distribution ultra performant. Pour cela, le géant s'est doté d'une armée de robots qui travaillent en concertation avec les êtres humains.

Au premier étage de la fusée, on trouve un robot-acheteur capable de prévoir les ventes. Ce super logiciel assure également le traitement des retours clients et de la facturation.

Au deuxième étage de la fusée, on trouve des robots de rangement produits par la société Kiva rachetée en 2012 par Amazon. Ces robots permettent de déplacer des étagères et de les apporter directement aux préparateurs de commandes. En d'autres termes, ce ne sont plus les humains qui vont chercher les produits, ce sont les produits qui viennent directement aux humains.

Au troisième étage de la fusée, on attend les robots de livraison (voitures autonomes, camions autonomes, drones). Tous ces robots sont en cours de tests et ont déjà commencé à arpenter nos rues et le ciel dans de très nombreuses régions du monde. L'avenir est à l'automatisation totale des systèmes logistiques de l'achat du client à la distribution finale de la commande. Ces systèmes seront opérants dans 10 ou 15 ans au maximum sauf si les États décident d'introduire des réglementations spécifiques pour l'empêcher.

3 LES DÉCIDEURS POLITIQUES

Le moment est venu pour les décideurs politiques de prendre conscience de cette nouvelle donne. Car ils doivent être en capacité de proposer une *vista* pour l'avenir. Dans les années 60, on a construit et investi massivement dans le nucléaire. On a organisé le tourisme, l'agriculture, les transports etc. Les décideurs avaient une vision et une stratégie pour la France. Quelle est la vision aujourd'hui ? Quelle est la stratégie de la France pour tirer parti de la révolution des robots, protéger ses citoyens et les amener à améliorer leur qualité de vie ?

Mais le sujet ne concerne pas seulement la qualité de vie et le fait que chaque Français en âge de travailler puisse avoir un travail. Le sujet, c'est aussi la fiscalité. Car la France a un système d'imposition basé essentiellement sur le travail et les cotisations sociales... Or les robots échappent à ces cotisations[21]... Par ailleurs, les robots opèrent bien souvent de l'étranger, entraînant une fuite de la valeur vers d'autres pays, vers d'autres opérateurs... On parle d'évasion fiscale... La véritable évasion fiscale se trouve ici et ce sont les robots qui en sont responsables.

Enfin, la question se pose de la place du travail dans la société. Si les robots remplacent certains emplois, que vont devenir ceux qui sont remplacés ? Est-ce que tout le monde pourra avoir un travail ? Et si oui, de quelle nature sera-t-il ? Plus concrètement, comment accompagner les transitions individuelles et collectives ? Comment accompagner les reconversions d'individus, de territoires, de secteurs entiers de l'économie bouleversés ou malmenés ? Tel est le rôle des hommes et des femmes politiques.

La robotisation de la publicité en France

En 2016, j'ai lancé une activité de bien-être à Paris. Pour développer cette activité, j'ai fait de la publicité. Et donc j'ai fait appel à Google. Je me souviens que la répartition de mes dépenses était la suivante : 50% pour le thérapeute qui réalisait la prestation et 30% de publicité sur Google. Il restait 20% de rémunération à mon entreprise. Ces 30% étaient payés à Google en Irlande sans TVA puisque les achats en Europe ne sont pas assujettis à la TVA. Cela veut dire qu'une entreprise américaine venait de faire un

[21] On peut modérer ce propos. En réalité, les profits finaux restent lourdement taxés au travers de l'impôt sur les sociétés (33% en France).

hold-up sur 30% de la valeur ajoutée d'une activité réalisée en France...

Google n'est rien d'autre qu'un robot publicitaire. Vous lui confiez du texte sur un domaine d'activité et il se charge de présenter ce texte à de potentiels consommateurs qui surfent sur le net. C'est un robot qui remplace l'affiche publicitaire, le spot pub à la radio ou à la télévision ou dans un magazine. Car aucun être humain n'intervient pour gérer le système. Celui-ci est quasiment autonome. Voilà pourquoi il est aussi peu coûteux au regard des profits réalisés et pourquoi il est aujourd'hui incontournable si on veut promouvoir son activité.

Si une vision n'est pas développée et les mesures nécessaires ne sont pas prises, alors nous verrons des intelligences artificielles opérant de l'étranger sans aucune recette fiscale pour l'État Français, sans aucun impact bénéfique sur l'emploi local, venir faire des hold-up dans tous les secteurs de l'économie française. Et ceux qui le paieront cher, ce sont les citoyens français. Au début, ils seront gagnants en tant que consommateurs et ensuite ils seront perdants en tant que travailleurs, comme ce fut le cas avec les délocalisations industrielles dans les années 80 et 90.

Après la mondialisation, *la révolution des robots* apparaît comme un nouveau challenge pour les individus, les entreprises et les États. Dans la compétition mondiale qui les oppose, certains sortiront gagnants de cette révolution technologique. La responsabilité des hommes et des femmes politiques est forte, car en fonction des lois qu'ils promulgueront, des mesures qu'ils prendront et des discours qu'ils tiendront, ils favoriseront la modernité ou au contraire le repli, entraînant un retard difficile à rattraper par la suite.

Pour prendre les bonnes décisions, pour qu'elles soient partagées et mobilisatrices, ils devront impliquer dans leur réflexion chaque citoyen. Car pour réussir ce nouveau challenge, il sera nécessaire d'être unis. Nous sommes tous concernés par cette révolution économique, sociale et culturelle et nous avons tous à nous retrouver pour débattre et définir ensemble le cadre légal, moral, économique et éthique dans lequel se déploieront ces nouvelles technologies. Il s'agit de préserver un contrat social toujours plus fragilisé en ce début de XXIème siècle.

CHAPITRE 1 :

LES CINQ FACTEURS QUI PERMETTENT DE PRÉDIRE L'AUTOMATISATION D'UN MÉTIER

LES CINQ FACTEURS QUI PERMETTENT DE PRÉDIRE QUELS SERONT LES MÉTIERS AUTOMATISÉS DEMAIN

Les acteurs de l'automation (fabricants de robots, acheteurs de robots et utilisateurs de robots) sont rationnels. Ils prennent leurs décisions en fonction des bénéfices que peuvent leur rapporter la conception, l'achat ou l'utilisation d'un robot. Dit autrement, si un fabricant de robots se lance dans de lourds investissements pour développer une nouvelle machine, il le fera parce qu'il sait qu'il y a un marché pour cette machine. Et si les entreprises s'en dotent, ce sera pour faire des gains de productivité, améliorer leurs services et/ou augmenter leurs profits.

La rationalité des choix des acteurs de l'automation rend l'avenir prévisible. Il est en effet possible, sur la base de critères déterminés, de connaître les emplois qui seront automatisés demain. Connaître à l'avance les métiers qui seront automatisés est une connaissance précieuse. Elle permet aux salariés de savoir s'il est nécessaire pour eux d'entreprendre une reconversion professionnelle, et si oui, vers quel métier ils doivent évoluer. Elle permet par ailleurs aux entreprises de mettre en place une vraie GPEC (Gestion Prévisionnelle des Emplois et des Compétences).

Quant aux décideurs politiques, ils ont la responsabilité d'accompagner ces changements. Ce sont eux les pilotes de la formation initiale et continue. Les programmes de formation dispensés dans les lycées professionnels, dans les écoles et à l'université ne peuvent pas rester hermétiques aux évolutions technologiques. Les décideurs politiques ont la lourde responsabilité de flécher les fonds destinés à financer l'enseignement et la formation en France. Ce sont également eux qui fixent les grandes orientations des services de l'emploi.

L'approche des assureurs

Lorsqu'un assureur propose un contrat à un conducteur automobile, il commence par étudier le profil du conducteur (âge, sexe, accidentologie, type de véhicules à assurer etc.). Associé à ce profil, il possède une carte des risques qui lui permet de connaître à l'avance la probabilité que ce conducteur ait un accident, quel type d'accident il aura et avec quel coût. Cette étude statistique lui permet de calculer une prime d'assurance, qui, augmentée de sa marge, donnera le prix final de vente du contrat d'assurance qui sera proposé au client.

En matière de calcul des risques liés à l'automation, l'approche est exactement la même. On commence par profiler un métier sur différents critères, puis, en fonction de ces critères, on calcule sa probabilité d'automation. De la même manière qu'un assureur calcule le risque d'accidentologie routière, on calcule le risque d'automation professionnelle. « Risque » ne veut pas dire que l'évènement surviendra réellement. La survenue réelle d'un évènement est beaucoup plus complexe à prévoir. Mais cela permet de calculer des probabilités.

C'est cette méthode que j'ai choisie pour élaborer un outil de mesure des risques d'automation des métiers. La version Béta de cet outil est disponible sur www.revolution-robot.fr Chaque salarié peut dès aujourd'hui consulter ce site pour connaître le risque d'automation de son métier et donc les stratégies qu'il doit mettre en œuvre pour prévenir les risques qui pèsent sur son avenir professionnel. Cela permet également aux décideurs et à leurs services RH d'anticiper l'évolution des métiers en interne.

Cet outil est également destiné aux assureurs et aux banques pour compléter leurs outils actuels de calcul de risques. Je pense en particulier aux sociétés de caution mutuelle qui se portent caution des emprunteurs pour des achats immobiliers. En effet, dans une période de chômage de masse, prêter de l'argent à un salarié constitue un risque pour la banque. Celle-ci fait donc appel à une société de caution mutuelle qui se porte garante de l'emprunteur. Si l'emprunteur ne rembourse pas, elle prendra le relais.

Le risque de voir un emprunt non remboursé par un salarié et donc pour la banque de devoir faire appel à la société de caution mutuelle est différent selon que le métier du salarié a une probabilité d'automation forte ou faible. Un métier comme créateur de sites Internet dont on sait qu'il a une probabilité d'automation très forte, présente un risque de non-remboursement beaucoup plus élevé qu'un directeur administratif et financier dont on sait que la probabilité d'automation de son métier est faible.

Le risque d'automation d'un métier correspond au risque pour le salarié de connaître le chômage et de prévoir la durée et la fréquence de ses périodes de chômage. Dans les métiers à fort risque d'automation, les salariés présentent un risque beaucoup plus élevé de connaître le chômage, plus fréquemment mais aussi plus longtemps que les autres salariés. Ces salariés devront dans les années à venir entreprendre une reconversion professionnelle qui sera presque systématiquement synonyme d'une baisse de rémunération, au moins dans les premiers mois ou les premières années.

Aujourd'hui les banques prêtent en priorité aux salariés qui bénéficient d'un CDI. Elles ont tendance à écarter les salariés en CDD ou en intérim sans considérer que le fait de détenir un CDI n'est en rien un facteur de sécurité de l'emploi. Le seul facteur qui assure réellement la sécurité de l'emploi, c'est d'avoir un métier qui ne risque pas d'être automatisé dans les années à venir. C'est donc la compétence et le positionnement sur le marché de l'emploi plus que la nature du contrat qui génère des risques de non-remboursement d'un prêt bancaire.

QUESTION POLITIQUE : DOIT-ON « ENCOURAGER » OU « FREINER » L'AUTOMATION ?

En économie, la productivité entend mesurer le degré de contribution d'un ou plusieurs facteurs de production à la variation du résultat final dégagé par un processus de transformation. La productivité est en lien avec les notions de rendement, d'efficacité, et d'efficience. Dit autrement, la productivité, c'est l'argent qu'il faut dépenser pour parvenir à un résultat comme la production d'un bien (fabriquer une paire de chaussures, concevoir un logiciel) ou d'un service (coiffer une tête, mettre en place un crédit pour un particulier).

La productivité dépend, en dehors des facteurs liés aux infrastructures, de deux facteurs principaux : le niveau de formation et le niveau d'automation. Plus les salariés sont formés, plus ils sont efficients et performants. Plus le niveau d'automation est élevé et plus l'organisation est efficiente et performante. Évidemment, ce postulat est théorique. Il peut être remis en question par des cas particuliers et n'est pas valable dans toutes les situations. Mais on peut raisonnablement le prendre comme postulat de départ.

L'AUTOMATION EST LE LEVIER PRINCIPAL POUR RETROUVER LA CROISSANCE.

L'automation totale ou partielle des processus de production dans le secteur primaire, secondaire ou tertiaire est, suivant ce postulat, à la base de la croissance économique. L'automation est aujourd'hui le levier principal qui permet aux entreprises et au secteur public donc aux économies des États, de retrouver la croissance. Il est donc vital de favoriser les investissements dans l'automation et d'en accélérer les effets. L'automation, c'est le remède contre la croissance économique atone de ces quinze dernières années en Europe[22].

L'automation va de pair avec la montée en compétences des êtres humains. Plus vous automatisez un secteur d'activité et plus les personnes qui travaillent dans ce secteur doivent être qualifiées. Ce cercle vertueux de

---

22 Il faut se rappeler que la révolution agricole des années 50 a été rendue possible grâce à la mécanisation et l'usage des produits phytosanitaires. Cette révolution a résolu le problème de la faim en faisant chuter le prix des denrées alimentaires tout en permettant à des millions de gens d'exercer un métier non agricole dans le secteur secondaire (industrie) ou tertiaire (service). Ce sont donc en partie les gains de productivité réalisés grâce à « l'automatisation de l'agriculture » qui ont permis aux sociétés occidentales de se développer à grande vitesse et d'entrer dans la modernité. Paradoxalement, c'est aussi cette révolution qui a ruiné les petits paysans…

l'automation[23] et de la formation est le seul à même aujourd'hui de relancer la croissance économique. Mais attention, ce cercle vertueux ne peut fonctionner que si toutes les couches de la population sont capables d'apprendre et de progresser jusqu'à des niveaux élevés de qualification. C'est là qu'intervient la limite de cette loi générale.

POUR PROFITER DES OPPORTUNITÉS DE L'AUTOMATION, IL FAUT UNE POPULATION ACTIVE BIEN FORMÉE.

En effet, si les franges de la population les mieux éduquées (BAC +4/+5) disposent des capacités intellectuelles et des connaissances nécessaires pour progresser rapidement et s'adapter à l'automation, la question se pose pour les personnes de niveau médian (BAC +2 à BAC +3) et *a fortiori* pour les personnes de niveau inférieur (BAC, CAP/BEP, sans qualification). Par ailleurs, cela suppose que les actifs aient envie de consacrer du temps et de l'énergie à cet apprentissage, bref qu'ils soient motivés pour s'adapter à cette évolution technologique.

---

[23] Le « cercle vertueux de l'automation » est un processus par lequel les activités d'un secteur économique donné sont progressivement automatisées, entraînant la montée concomitante en qualification des salariés. L'accroissement du niveau d'automation et de qualification de la main d'œuvre crée une spirale positive de gains de productivité qui favorisent la croissance des entreprises et donc la croissance économique.

Dans le cadre des activités de reconversion professionnelle du groupe Orient'Action®, nous accompagnons chaque année des milliers de salariés. Que constatons-nous ? Que les personnes qui entreprennent une formation pour se reconvertir n'obtiennent pas forcément, à l'issue de cette formation, un niveau intellectuel supérieur. Dit autrement, elles acquièrent un diplôme mais ne font pas forcément progresser leur intelligence. Cette constatation est valable pour des formations allant du niveau BAC à BAC+5. Je m'explique.

POUR QU'UNE POPULATION SOIT BIEN FORMÉE, IL FAUT QU'ELLE AIT ENVIE D'APPRENDRE.

La grande majorité des formations qui sont proposées dans le cadre de la formation continue sont orientées vers l'acquisition de savoir-faire. Ces formations sont construites pour permettre aux bénéficiaires de trouver un emploi vers des métiers en tension. Elles sont donc orientées vers l'aptitude à réaliser certaines tâches. Par ailleurs, le fait que les bénéficiaires soient des adultes rend les centres de formation beaucoup moins exigeants qu'ils ne le sont avec les élèves en formation initiale. Le taux de réussite y est proche de 100%.

Certaines personnes obtiennent ainsi un niveau Bac +2 ou Bac +5 sans pour autant avoir le niveau intellectuel associé à ce niveau de diplôme. Elles ont les connaissances requises mais pas l'agilité mentale. Les recruteurs confirmeront mes propos. On ne peut pas comparer un candidat qui a fait un master dans une grande école après avoir réalisé deux ans de classes préparatoires et un candidat ayant obtenu le même master dans la même école mais sans passer par les classes préparatoires. Cette réalité vaut pour la majorité des diplômes.

UNE PERSONNE QUI SE FORME NE DOIT RIEN APPRENDRE DE SPÉCIFIQUE, ELLE DOIT DÉVELOPPER SON INTELLIGENCE.

Tout se passe comme si la personne acquérait des connaissances, mais sans développer son intelligence. Comme si vous remplissiez le disque dur d'un ordinateur, mais que celui-ci restait limité par sa mémoire vive et ses fonctionnalités de base. Or, pour s'adapter à l'automation, il ne faut pas seulement acquérir de nouvelles connaissances, il faut aussi développer son intelligence logique, mathématique, conceptuelle… Il faut que la personne évolue vers un stade supérieur d'intelligence. C'est ce que je nomme le « plafond de l'intelligence[24] ».

---

[24] Piaget (1896-1980), éminent chercheur en psychologie, a étudié l'intelligence. Ses recherches lui ont permis de définir quatre stades par lesquels tout individu passe pour développer son intelligence. Pour passer d'un stade à l'autre, l'individu doit passer d'un mode de fonctionnement intellectuel à un autre. Le « plafond de verre de l'intelligence » désigne l'incapacité d'un individu à passer d'un stade à un autre par manque de stimulation ou par impossibilité cognitive.

Lorsqu'un adulte part en formation pendant un ou deux ans pour se reconvertir, c'est cette dimension qu'il doit développer. C'est ce que font les universités, les classes préparatoires et les grandes écoles lorsqu'elles forment des étudiants en formation initiale. Sous prétexte de leur inculquer des connaissances théoriques, elles structurent en fait leur intelligence de façon à leur permettre de composer rapidement avec la complexité. Ces capacités trouveront ensuite à s'exprimer dans différents environnements professionnels.

LES FORMATIONS ACTUELLES SONT INADAPTÉES.

Pour travailler avec des robots, les comprendre et les utiliser, il ne faut pas acquérir de connaissances théoriques ou pratiques (rapidement obsolètes). Il faut modifier structurellement le mental. Il faut penser différemment. Et rien ne demande plus d'efforts. Pour reprendre la comparaison avec l'ordinateur, il ne faut pas ajouter de nouveaux fichiers, il faut y ajouter de nouveaux programmes. Pour reprendre les travaux de Piaget, c'est ce qui se passe quand un enfant passe d'une pensée concrète à une pensée abstraite.

Les formations professionnalisantes préfèrent, parce qu'elles veulent satisfaire leurs élèves, axer leurs enseignements sur des connaissances pratiques alors qu'elles devraient au contraire les axer sur des compétences cognitives. Les formations devraient aider les personnes à développer leurs capacités d'abstraction, de logique et de raisonnement plutôt que leur donner des savoirs… Il faudrait apprendre aux élèves à bien penser en toutes circonstances, plutôt que leur apprendre à réaliser une tâche dans un contexte donné.

LES RECONVERSIONS SE HEURTENT AU NIVEAU INTELLECTUEL DES PERSONNES.

Imaginons une hôtesse de caisse. Elle peut décider de se reconvertir dans un métier de la comptabilité comme secrétaire-comptable par exemple. Pour cela, elle réalise une formation (il en existe plusieurs de ce type) de niveau BAC, un progrès puisqu'elle possède seulement un BEP. Le problème survient à l'issue de la formation au moment de la recherche d'emploi. Car dans la comptabilité, on ne recrute plus en dessous du BAC +2/+3 et encore, les offres sur ce type de poste tendent à se raréfier. On se concentre aujourd'hui sur des Bac+5.

Au bout de quelques semaines de recherches infructueuses, l'hôtesse sera contrainte de retourner travailler dans un supermarché, à la condition que son poste existe toujours et qu'il n'ait pas été remplacé entre-temps par une caisse automatique. Tout le monde aura été perdant dans cette opération. L'hôtesse qui avait mis de l'espoir dans une reconversion, l'État qui a dépensé des sommes très importantes pour financer sa formation (et son salaire) et le centre de formation qui aura perdu toute crédibilité.

CERTAINS TRAVAILS ABÊTISSENT LES SALARIÉS ET EN FONT DE FUTURS CHÔMEURS.

La marche est parfois haute pour accéder à des postes plus qualifiés et ce, d'autant plus quand on exerce un emploi qui n'est pas stimulant intellectuellement. On parle souvent de formation professionnelle continue, mais on oublie que la formation professionnelle se fait surtout au quotidien sur le poste de travail. « Là où j'apprends le plus c'est lorsque chaque jour ou presque je suis confronté à des tâches nouvelles ou à des tâches plus complexes. Cela me stimule ». La formation se fait essentiellement sur le poste de travail.

Or, lorsque vous occupez un poste comme celui d'hôtesse ou d'hôte de caisse ou même serveur dans un restaurant ou femme de chambre, vous êtes rarement stimulé intellectuellement. Les innovations sont rares, il y a donc peu de tâches nouvelles plus complexes. L'employé perd sans s'en rendre compte sa capacité à apprendre. Il ne progresse plus, voire parfois il régresse à cause d'une activité professionnelle insuffisamment stimulante. Bien sûr le salarié peut se former et apprendre en dehors de ses heures de travail, mais le veut-il ?

À LA QUESTION « FAUT-IL ENCOURAGER OU NON L'AUTOMATION ? » LA RÉPONSE EST OUI.

Car on peut supposer qu'un salarié qui n'est pas stimulé intellectuellement au travail ne recherche pas non plus de stimulation intellectuelle sur son temps personnel. C'est le travail qui abêtit. Les années passent et le jour où une innovation technologique survient, le salarié est incapable de réagir et de s'adapter. Il entreprend alors une formation mais ses outils intellectuels sont obsolètes. Ils sont comme figés par des années d'inactivité. Le cerveau perd sa plasticité s'il n'est pas entraîné. C'est ainsi que l'on crée du chômage de longue durée.

À la question faut-il encourager ou non l'automation, la réponse est bien évidemment « OUI ». Mais il faut le faire de façon progressive. Il devrait exister un crédit d'impôt favorisant l'investissement dans les robots dans tous les secteurs de l'économie. Il ne devrait plus exister un seul supermarché en France sans caisses automatiques ou de puces qui scannent les caddies. Bien sûr, il ne faut pas que ces innovations surviennent de façon brutale mais progressive. Pour réaliser cela, il faut prendre les innovations à leur début et non quand elles sont devenues nécessité.

IL FAUT DES TÊTES BIEN FAITES, PLUTÔT QUE DES TÊTES BIEN REMPLIES.

Il faut également financer les études préalables qui permettent d'anticiper ce type de révolutions technologiques. Les futurs OPCO en charge de la prospective emploi devraient pouvoir jouer ce rôle. Mais il faut aussi changer la vision de la formation professionnelle continue. La formation doit avoir pour objectif d'élever le niveau intellectuel des salariés (leur capacité de raisonnement, de conceptualisation, de créativité) et non de leur transmettre des savoirs pratiques. Il faut chercher à faire des « têtes bien faites », plutôt qu'avoir des « têtes bien remplies ».

Ces formations devraient être régulières et obligatoires, surtout pour les secteurs où les salariés restent sur des postes à tâches simples et répétitives. C'est la seule façon d'entretenir la plasticité cérébrale, la capacité à apprendre et l'envie d'apprendre. C'est un projet ambitieux mais qui s'intègre dans une vision politique globale de ce que sera le travail demain et de la manière dont on doit préparer son pays et à un moindre niveau, son organisation. C'est ce type de projet que des hommes et des femmes politiques visionnaires devraient porter.

FACTEUR N°1 : LES FACTEURS ÉCONOMIQUES

« Les deux choses les plus importantes n'apparaissent pas au bilan de l'entreprise : sa réputation et ses employés. »

HENRY FORD

•••

La robotisation est favorisée par des facteurs économiques qui influent sur les modes de décision des acteurs et accélèrent ou freinent le recours à l'automation. Ces facteurs peuvent agir sur deux leviers principaux : la demande de robots et l'offre de robots. La demande correspond à la propension des décideurs à déployer une stratégie d'automation et à acheter des robots pour leur organisation. L'offre correspond à la propension des fabricants de robots à développer et commercialiser de nouveaux robots pour remplacer les êtres humains.

Plus la demande et l'offre de robots sont importantes dans un secteur donné et plus le processus d'automation est rapide. Si l'offre de robots est abondante, elle stimule la demande qui en retour stimule l'offre. Les profits engendrés grâce aux robots, par les gains de productivité obtenus, peuvent alors être réinvestis dans l'achat de nouveaux robots. Les fournisseurs s'enrichissent et investissent les profits réalisés dans le développement de nouveaux robots. Il se forme un cercle vertueux d'automation et un cercle vicieux de destruction d'emplois.

Si l'on souhaite comprendre quels seront les pans de l'économie d'aujourd'hui et les métiers qui seront concernés par l'automation demain, il convient d'identifier les facteurs économiques qui favorisent ou freinent l'automation. C'est ainsi qu'il sera possible d'anticiper les évolutions technologiques et leurs impacts sur le marché du travail. J'ai identifié trois facteurs de nature économique qui favorisent le recours à l'automation. Ces facteurs sont associés à certaines limites posées par d'autres variables que nous identifierons également ici.

1 LE COÛT DE LA MAIN D'ŒUVRE

Plus le coût de la main d'œuvre dans un domaine donné est élevé et plus la « tentation de l'automation[25] » est grande. Un dirigeant d'entreprise a pour fonction de maximiser les

[25] La « tentation de l'automation » renvoie à la propension des décideurs à automatiser leurs activités de production. Si les décideurs automatisent, c'est parce qu'ils sont encouragés dans ce sens par des facteurs économiques, culturels et sociaux. La « tentation de l'automation » peut donc être favorisée ou infléchie en jouant sur ces facteurs. C'est là le rôle des hommes et des femmes politiques dans leur mission de régulation.

profits[26] de son entreprise. Pour cela, il doit augmenter ses recettes tout en réduisant ses dépenses. Un décideur confronté à des charges de personnel trop importantes va chercher à réduire l'impact de ses charges dans son compte exploitation. L'une des solutions qui se présente à lui est d'automatiser les tâches effectuées par ce personnel, de remplacer certains salariés par des robots.

Ce facteur explique pourquoi, contrairement à une idée reçue, ce ne sont pas les emplois les moins qualifiés qui sont forcément concernés par les risques d'automation, bien au contraire. Un décideur a d'abord intérêt à automatiser les tâches réalisées par la main d'œuvre la plus coûteuse et la plus qualifiée[27]. Plus un employé coûte cher et plus il est intéressant d'automatiser les tâches qu'il réalise. L'argent investi dans l'achat du robot qui remplacera partiellement ou totalement le salarié aura ainsi plus de chances d'être rentabilisé.

De ce premier constat, on peut tirer au moins deux hypothèses. La première est que ce sont bien les métiers les mieux rémunérés qui ont le plus de chances d'être automatisés. La seconde est que ce sont les industries qui emploient le plus grand nombre d'employés qui ont le plus de chances d'être

---

[26] C'est bien le rôle que la société assigne aux chefs d'entreprises pour ensuite et de façon paradoxale pouvoir mieux les juger ou les sanctionner pour avoir assumé parfaitement ce rôle quand pour sauver leur entreprise ils ont procédé par exemple à des licenciements.

[27] Ceci est d'autant plus vrai que les tâches réalisées par des personnels peu qualifiés peuvent être délocalisées à l'étranger.

concernées par l'automation. C'est donc le secteur tertiaire et non le secteur primaire (agriculture) ou secondaire (industrie) qui présente aujourd'hui les plus grandes opportunités d'automation, et ce, parce qu'il emploie le plus grand nombre de personnes[28].

LES EMPLOYÉS LES MIEUX RÉMUNÉRÉS SONT CEUX QUI ONT LE PLUS DE CHANCES DE VOIR LEURS EMPLOIS REMPLACÉS PAR DES ROBOTS.

2 LE NOMBRE D'EMPLOIS CONCERNÉS

Le deuxième facteur économique est le nombre d'emplois concernés. Ce facteur est un facteur qui agit de manière double. D'un côté, il stimule la demande en robots des décideurs. De l'autre, il stimule l'offre en favorisant l'innovation chez les fournisseurs de robots qui voient dans l'automation d'un certain type d'emplois un débouché pour leurs produits. Avant d'investir dans la recherche et le développement d'une nouvelle machine, ceux-ci évaluent le marché qui dépend quant à lui du nombre d'emplois concernés.

[28] En 2015, le secteur tertiaire occupait 76,7 % de la population active, tandis que le secteur primaire (agriculture, pêche, etc.) n'en représentait plus que 2,8 %, et le secteur secondaire (essentiellement l'industrie) 20,5 % (*Source : Insee*).

Des millions d'hôtesses et d'hôtes de caisse…

Dans le monde, au moins dix millions de personnes exercent le métier d'hôtesse ou d'hôte de caisse dans un supermarché. Pour le secteur de la grande distribution, ces postes représentent un coût important dans leur compte d'exploitation. Dans une logique de réduction des coûts, et ce, afin de maintenir les profits tout en attirant de nouveaux clients avec des prix toujours plus bas, les supermarchés remplacent progressivement les hôtesses et hôtes de caisse par des robots, des caisses automatiques où le client enregistre lui-même ses produits.

Ce mouvement a commencé il y a une dizaine d'années. Récemment, Amazon a fait beaucoup parler de lui en développant un nouveau concept de magasin : Amazon Go. C'est simple, dans un Amazon Go, il n'y a tout simplement plus de caisses… Elles ont été remplacées par des caméras et des capteurs qui enregistrent directement les produits que le consommateur choisit. Lorsque le consommateur quitte le magasin, il est automatiquement prélevé de la somme correspondant à ses achats. Les robots sont remplacés par d'autres robots…

Si, pour l'instant, les caisses automatiques et les capteurs ne concernent que les supermarchés de centres-villes qui ne commercialisent qu'une gamme restreinte de produits, ces technologies vont rapidement devenir plus fiables et améliorer leurs performances permettant d'être utilisées dans tous les magasins, y compris dans les magasins non alimentaires... Grâce aux puces RFID, il sera possible demain de scanner un caddie entier sans risque de vol et ce, en seulement quelques secondes. Les innovations technologiques se développent à grande vitesse.

Ce qu'il faut comprendre, c'est que l'automation ne passe pas seulement par la mise en place de robots. Elle effectue son œuvre également par d'autres biais et notamment par la suppression pure et simple de certaines fonctions à travers la création de solutions concurrentes. Dans le secteur de la grande distribution, cela se traduit par le développement des Drive et de la livraison à domicile. Ces solutions font disparaître de fait les emplois de caissières et de caissiers et créent à la place des emplois de livreurs et de magasiniers mais en nombre moins important.

Pour connaître le sort réservé aux caissières et aux caissiers, il suffit de se rappeler du destin des pompistes ou des agents de caisse aux péages d'autoroute. Tous, ou presque, ont été remplacés par des caisses automatiques. C'est également le sort qu'ont connu des dizaines de milliers de guichetiers de banques remplacés par des distributeurs automatiques de billets ou encore les gérants de vidéoclubs remplacés d'abord par des bornes automatiques, puis par des systèmes de VOD[29] *avec visionnage et location de films en streaming comme Netflix ou Canal Play.*

---

[29] Vidéo à la Demande.

En réalité, la destruction d'emplois ne touche pas seulement les caissières et les caissiers des supermarchés. Elle frappe également de nombreux secteurs comme l'hôtellerie. La chaîne d'hôtels CitizenM propose par exemple à ses clients d'enregistrer eux-mêmes leur chambre à leur arrivée et de payer à leur départ sur des bornes automatiques. Une seule hôtesse gère l'ensemble des arrivées et des sorties des clients au lieu de trois ou quatre (voire plus auparavant) en tenant compte des horaires 24h/24 qu'il faut assurer pour des clients[30] de plus en plus mobiles et exigeants.

PLUS UN EMPLOI EST REPRÉSENTÉ DANS UNE ENTREPRISE ET PLUS SON RISQUE D'AUTOMATION EST FORT.

3 LA VALEUR AJOUTÉE

Le troisième facteur concerne la valeur ajoutée. Chaque client attribue à un produit ou un service une certaine valeur. C'est pour cette « valeur » qu'il est prêt à payer. Pour élaborer cette « valeur », l'entreprise a créé un processus dans lequel interviennent à chaque étape différents employés spécialisés

---

30 Autre point intéressant à noter, le fait que les consommateurs sont de plus en plus habitués à acheter à des robots et non plus à des êtres humains. Je connais certaines personnes qui préfèrent faire leurs achats sur Internet parce qu'ils n'aiment pas qu'un vendeur les interpelle dans un magasin. Plus les êtres humains achètent à des robots et plus ils sont prêts à acheter à des robots. Il y un phénomène d'acculturation qui permet aux robots de s'imposer dans un nombre toujours plus grand de secteurs économiques.

réalisant certaines tâches. Dans le processus d'élaboration de la valeur du bien ou du service, chaque employé occupe une place différente. Certains employés contribuent directement à l'élaboration de la valeur tandis que d'autres y contribuent de façon indirecte.

Reprenons l'exemple de l'hôtellerie. L'essentiel de la valeur est constitué par la fourniture d'une chambre équipée d'un lit pour dormir et d'une salle de bain pour faire sa toilette. La valeur de ce service est ensuite augmentée par les services annexes (télévision, thé/café, conciergerie etc.). On voit très bien que le rôle du réceptionniste chargé d'enregistrer le client à son arrivée et à son départ est mineur. Car le réceptionniste ne contribue qu'indirectement à la production du service, à savoir la fourniture d'une chambre, d'un lit et d'une salle de bain.

Plus un emploi produit directement de la valeur et plus son risque d'automation est faible. Il faut bien sûr ôter de cette valeur le coût de l'emploi lui-même. Prenons le cas d'un psychologue libéral. Le patient « achète » le temps passé avec le psychologue qui propose un service d'écoute pour soulager sa souffrance. Le psychologue produit directement la valeur du service qu'il propose à son patient. Son emploi a donc peu de chances d'être automatisé *a priori*... À moins qu'un robot puisse proposer le même service en obtenant les mêmes effets de soulagement...[31]

---

[31] Je m'intéresse actuellement de très près à ce sujet. Étant moi-même psychologue, je m'interroge sur le fait qu'un robot puisse apporter un soutien psychologique à un patient. À ce stade de réflexion, je pense qu'un robot peut effectuer cette tâche via un *chatbot* par exemple en fournissant une aide de premier niveau. L'avantage est que cette aide pourrait être apportée 24h/24h. Bien sûr, cette hypothèse mérite d'être vérifiée par des études scientifiques ou par l'expérimentation directe.

Le cas épineux des commerciaux

Les commerciaux jouent un rôle indirect dans le processus de création de valeur d'un bien ou d'un service mais leur action est essentielle car sans eux pas d'acte d'achat. Cette position stratégique leur permet de négocier des salaires élevés. Finalement, leur rémunération représente une part relativement importante de la marge de l'entreprise. Si leurs salaires sont trop importants, il peut alors être tentant pour l'entreprise qui les emploie de chercher à automatiser partiellement ou totalement leurs activités.

Certes, le métier de commercial allie plusieurs opérations complexes comme prospecter, négocier, et vendre mais une part non négligeable de ces tâches peuvent aujourd'hui être automatisées avec les outils numériques modernes. Prenons l'exemple de la fabrication d'une base de données. Il existe aujourd'hui des robots qui peuvent rechercher sur internet directement les adresses postales, les noms d'entreprises, les adresses e-mails et les numéros de téléphone de prospects pour réaliser une base de données qualifiée.

En automatisant cette tâche, il est ainsi possible d'économiser du temps. Mais il existe bien d'autres solutions comme l'envoi d'e-mails automatisé et séquencé. Cela permet de communiquer avec ses clients de façon régulière sans pour autant faire intervenir un être humain. Le système devient un commercial à votre place puisqu'il communique et propose à vos clients différentes solutions intéressantes qui peuvent faire aboutir à des ventes de différents produits et services complémentaires.

Le commercial a changé. Il n'est plus celui qui appelait ou visitait régulièrement ses clients en ayant noué avec eux une relation de confiance (presque affective). Il est désormais celui qui est capable de créer une série de messages commerciaux sur différents supports et d'en organiser la diffusion grâce à des systèmes de marketing automation. Son profil de personnalité est totalement différent. Homme d'action et de relation hier, il devient un stratège et un concepteur. Pour réussir dans ses missions, il doit bien sûr parfaitement maîtriser les outils numériques.

L'automation partielle ou totale de certains métiers apparaît comme un facteur déterminant de compétitivité pour les organisations. Dans les entreprises, l'automation permet de dégager plus de profits et favorise donc la croissance de l'entreprise. Dans le secteur public, elle favorise la production d'un service public de qualité à moindre coût. Paradoxalement, si l'automation détruit des emplois à certains endroits, elle en crée ailleurs. Une entreprise qui automatise une partie de ses processus est une entreprise qui se développe et qui recrute.

Bien sûr, ce qui change, c'est la nature des métiers pour lesquels elle recrute. Pour les millions d'hôtesses et d'hôtes de caisse, il est d'ores et déjà essentiel de penser à une reconversion professionnelle car leur poste est amené à disparaître dans les années qui viennent. La question est alors de savoir vers quel type d'emploi peuvent se diriger des personnes qui sont souvent faiblement qualifiées. On peut poser cette question à nouveau : est-il possible de faire faire à ces salariés le « saut de qualification[32] » nécessaire pour accéder à de nouveaux métiers ?

[32] Pour s'adapter à l'automation, les salariés ont à réaliser un véritable « saut de qualification ». La formation se révèle en la matière insuffisante. Pour réussir le « saut de qualification » nécessaire, ils doivent passer d'un stade d'intelligence à un stade d'intelligence supérieur en passant d'une pensée concrète associée à la réalisation de tâches pratiques à une pensée conceptuelle associée à la réalisation de tâches créatives.

FACTEUR N°2 : LES FACTEURS STRUCTURELS

« L'être humain croira toujours que plus le robot paraît humain, plus il est avancé, complexe et intelligent. »

ISAAC ASIMOV

•••

Les facteurs économiques ne sont pas les seuls à augmenter la probabilité d'automation d'un métier. Certains facteurs structurels peuvent également la favoriser. Ces facteurs incitent les décideurs à réduire l'impact des êtres humains sur le processus de production. Les êtres humains, s'ils ont des avantages par rapport aux machines (créativité, adaptabilité etc.) présentent également des faiblesses. J'ai identifié trois de ces faiblesses qui sont chacune liées à des risques que les décideurs cherchent à réduire grâce aux robots.

Premièrement, comparé à un robot, un être humain est fragile. Il est beaucoup plus facile de détruire un être composé de chair et d'os qu'un équipement fabriqué avec de l'acier, des roulements à billes et des circuits imprimés.

Les êtres humains sont sensibles aux produits chimiques ou bactériologiques ainsi qu'aux écarts de température ou de pression (grande profondeur, travail en espace réfrigéré etc.). Ils peuvent aussi être tués ou blessés lorsqu'ils exercent des fonctions associées à la sécurité comme agents de sécurité, policiers ou soldats.

UN ÊTRE HUMAIN EST PAR NATURE BEAUCOUP PLUS FRAGILE QU'UN ROBOT ET IL N'EST PAS REMPLAÇABLE.

Deuxièmement, un être humain n'est pas remplaçable. S'il est détruit ou abîmé, il est compliqué de le réparer. Un soldat blessé au combat retournera rarement au combat. En plus du drame humain, cet évènement portera un préjudice important à l'armée. Dans nos démocraties modernes, le coût d'un mort ou d'un blessé est très élevé sur le plan politique et économique[33]. Voilà pourquoi les armées des grandes démocraties investissent massivement dans l'automatisation de leurs forces à travers des drones, les chars automatisés ou les robots-soldats.

Troisièmement, un être humain a par nature un comportement instable. Ses niveaux d'efficience et de performance dépendent de facteurs internes et externes difficilement

---

[33] L'État a commandé à plusieurs reprises des études à des économistes pour évaluer le coût lié à la mort prématurée d'un individu dans un accident par exemple. En 1994, ce coût était évalué à 550 000 euros. En 2016, une réévaluation réalisée dans une seconde étude a ramené ce coût à 3 000 000 d'euros. Ce coût intègre différents paramètres dont les frais dépensés par l'État pour l'éducation. Cet « investissement » est perdu si l'individu meurt prématurément puisqu'il ne travaille plus et ne produit donc plus de richesses (*Libération*, 2 septembre 2016).

maîtrisables par les employeurs. Dit autrement, un homme ou une femme tombe malade, a des enfants, divorce, vieillit, se démotive ou se désengage parfois. Tous ces facteurs altèrent l'efficience et la performance de l'organisation. Ils génèrent des coûts supplémentaires pour gérer cette instabilité. C'est notamment le rôle des services de ressources humaines.

Les robots ont sur les trois points précédents de grands avantages. Car ils sont capables de résister à des conditions de fonctionnement très difficiles. S'ils sont détruits ou abîmés, ils peuvent être facilement remplacés ou réparés. Enfin, ils ne tombent jamais malades, ne font jamais grève, n'ont aucun état d'âme et sont capables de travailler 24h/24 365 jours par an sans broncher simplement parce qu'ils n'ont aucune volonté, aucun caractère et aucun désir à satisfaire à part produire. Ce sont par nature des travailleurs parfaits.

1 LES RISQUES DE MORTS OU D'ACCIDENTS

L'automation a non seulement pour but de faire des gains de productivité, mais également de réduire les risques pour les êtres humains qui travaillent. Dans certains environnements (industrie chimique, zone de guerre etc.), il existe de réels risques pour la santé des travailleurs. Le fait de recourir à des robots permet de réduire ces risques. Cela améliore l'efficience et la performance tout en réduisant les coûts indirects de ces accidents pour la société notamment la prise en charge financière des accidentés qui ne peuvent plus subvenir à leurs besoins.

Terminator

Les deux guerres mondiales du XXème siècle ou encore la guerre du Viêt Nam ou plus récemment celle d'Irak nous rappellent les conséquences dramatiques des conflits armés. Au-delà des pertes civiles, les soldats qui interviennent en zones de guerre reviennent rarement indemnes de leurs missions.

Beaucoup sont blessés physiquement tandis que d'autres souffrent de stress post-traumatique. Le nombre de blessés et de morts est également un facteur important qui joue en défaveur des guerres puisque les populations restées à l'arrière sont extrêmement sensibles à ces thèmes.

Les états-majors du monde entier cherchent donc à développer de nouvelles armes automatisées. Les robots-soldats ont plusieurs avantages. Ils obéissent aux ordres sans aucune émotion et s'ils sont détruits, on peut facilement les remplacer.

C'est la « doctrine Obama[34] » qui a mis un terme à l'engagement des forces armées américaines sur une grande

[34] La « doctrine Obama » est une doctrine militaire. Après son élection à la Présidence des États-Unis en novembre 2008, Barack Obama réduit l'engagement des forces armées américaines dans le monde. Selon Barack Obama, il est préférable de mener des frappes ciblées réalisées par des drones pilotés à distance plutôt que d'engager des forces armées dans des combats sur le terrain. La « doctrine Obama » est un prélude aux guerres robotisées.

majorité de théâtres d'opérations, leur préférant l'usage de frappes ciblées réalisées par des drones pilotés à distance.

Un pilote d'avion de chasse peut être capturé par l'ennemi et livrer des secrets de guerre ou être utilisé comme monnaie d'échange. L'ennemi peut également l'utiliser pour faire pression sur l'opinion publique dans le cadre d'opérations de propagande.

Remplacer les pilotes de chasse par des drones est donc une solution particulièrement intéressante pour les états-majors qui voient là une manière d'augmenter l'efficacité de leurs forces armées tout en se libérant des contraintes liées aux risques de pertes humaines.

Autre exemple, la Corée du Sud a déployé le long de sa frontière avec la Corée du Nord des robots sentinelles, capables de détecter mais aussi de tuer tout intrus. Ces robots, créés et construits par Samsung, se prénomment Techwin SGR-A1 Sentry Guard Robot.

Il existe également des chars robotisés, des robots de ravitaillement ou d'espionnage comme le robot SnakeBot, un robot-serpent capable de s'infiltrer en territoire ennemi pour observer ce qui s'y passe ou le cas échéant y introduire des explosifs.

Le problème de la robotisation militaire n'est pas un problème technologique. On l'a vu, les robots- soldats vont se développer dans les années à venir, permettant de réduire les pertes humaines dans les combats maritimes, terrestres ou aériens.

Il pose cependant un problème éthique, voire géopolitique. Car qu'est-ce qui empêchera les nations de se faire la guerre si elles ne risquent plus aucune perte humaine ? L'histoire montre que les innovations technologiques majeures dans le domaine militaire ont toujours été utilisées par les nations pour tenter de prendre l'avantage sur les nations concurrentes.

LES EMPLOIS LES PLUS DANGEREUX SONT AUSSI CEUX QUI PRÉSENTENT LA PLUS FORTE PROBABILITÉ D'AUTOMATION.

2 LES RISQUES DE PERTE D'EFFICIENCE ET/OU DE PERFORMANCE

Je le soulignais précédemment, les êtres humains sont par nature changeants dans leurs comportements. La fatigue, le stress, des problèmes personnels, une maladie, ou des états d'âmes peuvent venir parasiter leur travail et réduire leur niveau d'efficience et de performance. L'automation des processus de production permet de normaliser la réalisation des tâches en apportant une production stable d'un point de vue quantitatif et qualitatif. L'automation est donc une manière de réduire les aléas humains.

L'absentéisme

L'un des problèmes auxquels sont confrontées les entreprises et les administrations est l'absentéisme. Les êtres humains sont des êtres soumis à des aléas dont les maladies physiques et psychiques. Ils peuvent également avoir des comportements antisociaux en profitant de la générosité du système de santé pour abandonner leur poste de travail.

Les organisations ont alors à faire face à des contraintes organisationnelles fortes qui peuvent mettre en péril leur mode de fonctionnement et la qualité de leurs services. Ainsi en 2017, un article du magazine Capital pointait qu'à la CAF de Haute-Garonne, le taux d'absentéisme pouvait atteindre jusqu'à 27%, c'est-à-dire que plus d'un employé sur quatre était absent chaque jour.

Les chiffres sont tellement démesurés qu'ils sont difficilement croyables. Le taux d'absentéisme moyen en France est en réalité de 4,59%[35]. Il coûte chaque année près de 60 milliards d'euros aux entreprises. Il a des incidences sur la qualité du service et en matière de services publics, cela se traduit indirectement par des hausses d'impôts.

Les décideurs confrontés à ce type de problématiques sont tentés de recourir à l'automation. D'un côté, ils réduisent les risques qui pèsent sur la santé des travailleurs en confiant

---

[35] Baromètre Aming (2015)

à des robots les travaux les plus difficiles physiquement et psychiquement. De l'autre côté, l'automation des processus favorise un service rendu constant et de qualité.

Les employés qui recourent à des arrêts de travail de complaisance devraient réfléchir aux conséquences de leurs actes avant de s'adonner à cet art. Car en faisant cela, ils travaillent en fait à la disparition de leur métier dans les années à venir. Un jour, après un arrêt maladie frauduleux, ils reprendront le travail et découvriront à leur place un robot…

LES MÉTIERS QUI PRÉSENTENT LES TAUX D'ABSENTÉISME LES PLUS ÉLEVÉS SONT CEUX QUI ONT LA PLUS FORTE PROBABILITÉ D'AUTOMATION.

3 LE RISQUE DE PÉNURIE DE MAIN D'ŒUVRE

La pénurie de main d'œuvre constitue le troisième facteur favorisant l'automation car il maximise les coûts indirects et crée une tension insupportable pour le fonctionnement des organisations. En effet, lorsqu'une organisation ne parvient pas à recruter, cela signifie qu'elle ne peut pas vendre ses produits ou assurer correctement le service qu'elle commercialise. Cela entraîne donc des pertes d'exploitation et freine son développement. C'est le cas par exemple d'un restaurateur qui peine à recruter des serveurs et doit en conséquence limiter ses horaires d'ouverture.

Les serveurs se feront-ils remplacer un jour par des robots ?

Plusieurs sociétés sont sur les rangs et développent actuellement des systèmes numériques qui permettent de prendre sa commande automatiquement à sa table grâce à un système de menu numérique. Le client clique sur le plat qu'il souhaite et la commande est transmise automatiquement par Wi-Fi aux cuisines pour engager la préparation.

Ce système est presque parfait car le client commande et paie directement à sa table. Pour le client, c'est une façon d'éviter les temps d'attente au moment de la commande et au moment du règlement. Pour le restaurateur, les bénéfices sont d'augmenter le taux de rotation sur les tables, d'éviter les erreurs de commande et de réduire les risques de vols.

Au Japon, une proportion très importante de restaurants sont équipés de robots. Vous commandez votre plat et vous payez à l'entrée du restaurant à l'aide d'un robot ressemblant à un distributeur automatique. Vous choisissez ensuite votre place et remettez votre ticket au chef de cuisine qui vous appellera lorsque votre plat sera prêt. Il n'y a plus de serveurs…

Mais l'utilité principale du système pour le restaurateur est que dans un contexte où il est difficile de trouver des serveurs, il n'a tout simplement plus besoin de recruter. Il peut donc offrir un meilleur salaire à une seule personne chargée de veiller au bon déroulement du processus. Cette solution a donc tous les avantages par rapport à un système de prise de commande classique.

Cela évite également les serveurs de mauvaise humeur et qui se montrent désagréables avec les clients comme c'est trop souvent le cas en France, notamment à Paris, ville réputée en la matière. Il normalise ainsi la qualité du service et réduit les risques d'avoir des avis négatifs sur Internet. Ainsi il protège sa e-réputation et donc son chiffre d'affaires dans la durée.

À San Francisco, un restaurant entièrement automatisé a fait son apparition en 2015 : Eatsa. Chez Eatsa, une dizaine d'iPad accueillent les clients, prêts à passer commande. Ceux-ci choisissent leur salade parmi une sélection de propositions à base de quinoa et d'aliments d'origine biologique. Le nombre de calories est mentionné sur chaque plat.

De l'autre côté de la salle, un mur de casiers futuristes se remplit au fur et à mesure de l'arrivée des repas achetés en ligne. Il suffit de toucher la porte à écran tactile sur laquelle apparaît son nom pour récupérer son déjeuner. Cette organisation est extrêmement efficace. Elle permet d'intensifier à périmètre constant les flux de clientèle et améliore ainsi la rentabilité du restaurant.

Ces systèmes sont amenés à se développer à l'avenir. En effet, ils permettent de faire gagner du temps aux clients tout en améliorant la gestion des restaurants. La valeur ajoutée d'un restaurant tient dans sa capacité à « nourrir » le client sans que celui-ci ait besoin de cuisiner, tout en lui fournissant un espace pour se restaurer. Le service est secondaire dans la chaîne de valeur.

LES MÉTIERS QUI PRÉSENTENT LES RISQUES DE PÉNURIE DE MAIN D'ŒUVRE LES PLUS ÉLEVÉS SONT CEUX QUI ONT LA PLUS FORTE PROBABILITÉ D'AUTOMATION.

FACTEUR N°3 : LES FACTEURS JURIDIQUES

« Nul n'est censé ignorer la loi. »

PROVERBE ROMAIN

•••

Plusieurs siècles de luttes syndicales ont permis de mettre en place des droits pour les salariés permettant de réduire leur temps de travail, de leur octroyer des congés payés et une protection sociale. Par ailleurs, des lois ont été votées afin de régler les relations entre les êtres humains. L'arrivée des robots risque de bouleverser ces équilibres car si le droit s'applique aux humains, il ne s'applique pas (encore) aux robots. Le recours aux robots permet de s'affranchir des règles mises en place dans un grand nombre de domaines.

1 LE CODE DU TRAVAIL

Aujourd'hui, en France, le temps de travail d'un salarié est limité à 35 heures par semaine. Bien que des dérogations existent, cette règle s'applique dans de nombreuses organisations. La loi interdit également le travail le dimanche. Cette loi concerne même les zones touristiques. Le travail de nuit est lui aussi réglementé et des secteurs comme le transport routier ou le transport aérien possèdent, pour des raisons de sécurité, des règles de temps de travail spécifiques. Enfin, les salariés ont le droit à des congés payés chaque année.

Si on ne peut qu'approuver ces lois sur le plan social (protéger la santé, la vie de famille des salariés, leur permettre d'avoir des loisirs etc.), si on se place d'un point de vue strictement économique, ces règles limitent l'activité. Pour rester compétitives, dans un environnement mondialisé, ou pour capter des clientèles nouvelles, les entreprises peuvent être tentées de recourir à de la main d'œuvre étrangère en délocalisant leurs activités ou, lorsque les délocalisations ne sont pas possibles, de recourir à des robots qui échappent au Code du travail.

Des robots dans la boutique Louis Vuitton des Champs-Élysées

Une nuit j'ai fait un rêve (ou un cauchemar à vous de voir). Sur les Champs-Élysées, la boutique Louis Vuitton était équipée d'un robot-vendeur. La vitrine se présentait sous la forme d'un mur composé de différents box contenant chacun un sac de luxe mis en valeur avec délicatesse. Pour acheter un sac, il suffisait de sélectionner le numéro de box qui le contenait, d'entrer sa carte bancaire et un robot allait chercher le sac. Il le livrait aussitôt à la manière d'un distributeur de boissons.... Ce serait une solution pour vendre des produits 24h/24h, 365 jours/an. Je suis certain que la clientèle est ouverte à ce genre d'innovations même pour des produits de luxe.

LE CODE DU TRAVAIL PRODUIT UNE DISTORSION DE CONCURRENCE ENTRE LES ÊTRES HUMAINS ET LES ROBOTS.

Le Code du travail produit de fait une distorsion de concurrence entre les êtres humains et les robots. Car les robots ne sont soumis à aucune contrainte horaire. Ils peuvent travailler 24h/24h, 365 jours/an. Ceci les rend donc particulièrement intéressants par rapport aux êtres humains. Plus le Code du travail est contraignant et plus les risques d'automation sont importants. Plus, à termes, il risque d'y avoir de destructions d'emplois. Et ce, à moins de soumettre le travail des robots aux mêmes règles que celles qui régissent le travail des êtres humains...

J'ai beaucoup voyagé, notamment au Japon. Dans ce pays, les règles sociales, même si elles existent, sont beaucoup moins contraignantes qu'en France. Le niveau d'automation d'un grand nombre de métiers (caissiers et caissières de péage, personnel de sécurité sur les autoroutes, etc.) est bien moindre qu'en France. À tel point que l'on trouve encore des pompistes humains... Le niveau de contrainte du Code de travail joue directement sur les incitations à l'automation. Conçu à l'origine pour protéger, le Code du travail aboutit parfois à l'effet inverse.

Le commerce en ligne

Si le commerce en ligne connaît un si grand succès, c'est d'une part parce que l'offre est pléthorique, mais aussi parce qu'il est possible de consommer des produits ou des services 24h/24h et 7j/7j. Les consommateurs peuvent acheter tous les produits à des robots numériques qui gèrent tout le processus de vente, de la présentation des articles jusqu'au paiement. Les sites de commerce en ligne ne sont rien d'autres que des automates, même si leur forme n'est pas celle d'un humanoïde. Les commerçants en ligne sont des robots à qui ne s'applique pas le Code du travail.

Les centres-villes connaissent un phénomène de désertification massif, notamment dans les villes de taille moyenne. Partout les commerces tenus par des êtres humains ferment. Ces fermetures sont en grande partie liées à la moindre attractivité des commerces physiques en termes d'horaires d'ouverture. Car non seulement les commerces de centres-villes proposent un choix de produits plus limité, mais la vente (et le service après-vente) se réalise sur des horaires plus restreints. Les clients n'ont donc pas beaucoup d'intérêt à acheter dans ce type de commerces.

Par ailleurs, le commerce en ligne très automatisé a des coûts de fonctionnement bien moindres qu'un commerce physique. Il faut en général au moins deux personnes pour assurer les horaires d'ouverture d'une boutique physique soit, si elles sont payées au SMIC, un coût annuel d'environ

38400[36] euros (toutes charges, réductions et avantages fiscaux déduits). Dans un commerce en ligne et pour le même volume de ventes, une seule personne suffit. Et il n'y a pas de contraintes particulières puisque la boutique reste ouverte 24h/24h.

Les commerces physiques qui résistent sont ceux qui misent sur la commercialisation de produits haut de gamme et apportent un service qui ne peut pas être proposé en ligne. Une boutique de vêtements qui offre des services de retouche, un conseil en image, une facilité pour les retours ou les échanges pourra mieux résister qu'une boutique classique. Dans ce cas, c'est la compétence du vendeur et son aptitude à nouer des relations de confiance (presque affectives) avec ses clients qui fera la différence. Les robots n'ont pour l'instant pas la capacité de nouer ce type de relations…

Autre exemple plus ancien mais qui me fascine, celui de la musique. Il fut une époque où l'on ne pouvait écouter de la musique qu'aux heures où jouaient des orchestres. Les personnes fortunées employaient un orchestre ou un musicien à demeure pour se divertir. Les personnes les plus modestes pouvaient apprendre à jouer d'un instrument. Lorsque les disques ont fait leur apparition, ils ont permis d'écouter toutes sortes de musiques n'importe quand. On

[36] Le coût d'un salarié au SMIC est de 1588,47 euros mensuels. Ce coût ne tient pas compte des coûts cachés (arrêt maladie en partie compensé par l'employeur, indemnités de rupture conventionnelle ou de licenciement en cas de rupture du contrat de travail, congés payés etc.).

ne pouvait en revanche pas emmener la musique avec soi, ce qui limitait l'intérêt du disque.

Plus tard furent inventés le walkman, la cassette puis le CD et enfin le MP3, ce qui fait qu'aujourd'hui on peut écouter, n'importe où et n'importe quand, la musique d'un artiste ayant enregistré dans n'importe quel endroit du monde un morceau de musique. On utilise un robot qui reproduit avec fidélité un morceau original. Tout le monde est heureux de pouvoir écouter de la musique avec une si grande liberté, sauf les musiciens professionnels qui ont presque tous disparu. Seuls les meilleurs d'entre eux ont aujourd'hui la possibilité de vivre de leur métier[37].

PLUS L'EXERCICE D'UN MÉTIER EST RÉGLEMENTÉ ET PLUS SA PROBABILITÉ D'AUTOMATION EST IMPORTANTE.

2 LE CODE CIVIL ET LE DROIT DES ASSURANCES

Le Code civil et le droit des assurances fixent la manière dont sont réparties les responsabilités en cas de sinistre. On peut

[37] Tous les secteurs qui s'automatisent présentent le même phénomène. Seuls les meilleurs êtres humains peuvent continuer à travailler. Regardez le commerce des vêtements, de l'ameublement ou de la vaisselle… Tous ces produits sont fabriqués de façon industrielle par des machines. Mais il subsiste quelques artisans qui, grâce à leurs talents, (habileté manuelle, créativité etc.) continuent à proposer des vêtements, des meubles ou de la vaisselle « faits main ». Les artisans médiocres ne peuvent pas rivaliser avec les machines comme les musiciens médiocres ne peuvent pas rivaliser avec le MP3.

ainsi savoir en cas d'incendie ou d'accident de voiture qui est responsable et ainsi déclencher une prise en charge. Or, ce Code et ce droit ne s'appliquent qu'à des êtres humains et non à des robots. Ceci n'est pas sans poser de problèmes concernant le processus d'automation. En effet, un robot ne peut pas être tenu pour responsable d'un accident. Cette incertitude juridique peut freiner le processus d'automation.

Pharmacies ou e-pharmacies ?

Le métier des pharmacien consiste à fournir des médicaments prescrits par les médecins à des patients et à vendre à ces mêmes patients des médicaments et des produits de parapharmacie qui ne nécessitent pas de prescription médicale. Si autrefois, la part de préparation était grande (les pharmaciens devaient préparer et doser eux-mêmes certains médicaments), elle est aujourd'hui quasiment nulle rendant de fait leur métier beaucoup moins complexe, plus répétitif et donc automatisable[38].

Si le métier s'est énormément simplifié, devenant de plus en plus une activité de commerce de détail comme les autres, on se demande pourquoi il n'a pas subi la même transformation que les commerces, à savoir la montée en puissance du commerce en ligne. En réalité, cela tient uniquement à la réglementation qui interdit de vendre des médicaments en dehors des officines. Les pharmaciens

---

[38] Il est à noter à ce propos que les pays où la vente de médicaments est réalisée en supermarché sont extrêmement nombreux.

ont réussi jusqu'à présent à conserver le monopole de la vente des médicaments, et ce, alors que de moins en moins d'arguments justifient cette situation.

Il serait tout à fait possible de créer des officines entièrement automatisées, délivrant des médicaments sur la base d'informations transmises par la carte vitale du patient pour sécuriser la délivrance, à la manière d'un distributeur automatique de billets. Cela permettrait d'améliorer la délivrabilité des médicaments notamment le dimanche ou la nuit. Par ailleurs, on pourrait vendre les médicaments directement en ligne sur la même base, des intelligences artificielles contrôlant les prescriptions et les éventuelles interactions médicamenteuses.

La technologie existe mais il existe un barrage, celui du lobby des pharmaciens bien sûr qui défend naturellement les intérêts de la corporation, mais aussi un problème de responsabilité. Car si le robot commet une erreur dans la délivrance du médicament, qui sera le responsable ? Ce problème assurantiel n'étant pas tranché, il ralentit d'autant la modernisation d'un secteur qui n'a pas connu d'évolutions réelles depuis près de 250 ans. Pourtant, cette modernisation est nécessaire d'autant plus à une période où il est important de réaliser des économies.

Les pharmaciens mettent régulièrement en avant leurs connaissances et leurs diplômes comme facteur de sécurisation de la vente de médicaments. Or, il est en fait rare qu'ils conseillent leurs clients notamment dans les grandes villes pour la simple et bonne raison qu'ils ne les connaissent pas. Par ailleurs, le nombre de molécules médicamenteuses est devenu si important et la recherche si prolifique et mondialisée qu'il est impossible à un être humain (d'autant plus quand il est occupé à vendre) d'avoir des connaissances à jour sur l'ensemble des médicaments.

Un robot, capable d'interroger les énormes bases de données des études et recherches sur le médicament, détenant le fichier médical complet du patient, travaillant en lien avec le médecin généraliste pourrait se montrer beaucoup plus performant quant à la sécurisation de la délivrance (allergies, incompatibilité entre médicaments etc.). La réglementation doit évoluer pour permettre la modernisation progressive de ce secteur. L'intérêt général doit primer. À mon sens, le nombre d'officines devraient diminuer de moitié d'ici une quinzaine d'années[39]*.*

Les pharmaciens ne disparaîtront pas pour autant. La France a besoin de chercheurs en pharmacie, de concepteurs de robots-pharmaciens et de personnes capables d'accompagner les malades dans la prise de leur traitement. De mon point de vue, ces nouveaux métiers ont plus de sens que celui de pharmacien en officine qui se réduit de plus en plus à un métier de vendeur et oublie progressivement sa vocation originelle. C'est en tout cas la situation que rapportent les pharmaciens qui viennent nous consulter pour changer de métier.

---

[39] En Allemagne, il existe 1 pharmacie pour 3800 habitants (82,7 millions d'habitants pour 21500 pharmacies). En France, il existe 1 pharmacie pour 2900 habitants (64,3 millions d'habitants pour 22221 pharmacies).

LA PROBABILITÉ D'AUTOMATION D'UN MÉTIER PEUT ÊTRE RÉDUITE À CAUSE DE LA RÉGLEMENTATION.

3 LE CODE PÉNAL

Le Code pénal a pour objectif de réguler les relations entre les êtres humains. Il interdit notamment le vol, la vente de drogues, les crimes de sang, la prostitution etc. Avec l'arrivée des robots, ce Code pourrait être transgressé ou détourné. En effet, la loi ne s'applique qu'aux êtres humains. Seul un être humain peut être inculpé, jugé et mis en prison. Or, il se pourrait que des robots commettant des crimes ou des délits fassent leur apparition. Si la police utilise des robots, il n'y a aucune raison que les criminels n'en fassent pas autant.

Le 1er criminel tué par un robot

En 2016, les policiers de la ville de Dallas aux États-Unis ont fait usage d'un robot pour tuer un criminel qui s'était retranché dans un lieu inaccessible et avait tiré sur leurs collègues. Pour cela, ils ont utilisé un robot équipé d'une bombe qu'ils ont fait exploser près du criminel. Le robot s'est approché de la cache du criminel et les policiers ont activé la bombe, le tuant sur le coup.

Cette question est d'autant plus prégnante avec l'avènement des intelligences artificielles. Aujourd'hui, les robots ne prennent pas réellement de décisions. Ils appliquent et suivent des programmes sans déterminer par eux-mêmes leurs comportements. Il est fort probable que cette situation change avec l'avènement des intelligences artificielles capables de créativité et de prendre des décisions qui sortent des routines. Cela signifierait que la décision serait le fait de l'intelligence artificielle et non de son concepteur…

La mauvaise décision

Elaine Herzberg, 49 ans, a été tuée le 19 mars 2018 en Arizona, par un taxi sans conducteur d'Uber en phase d'essai. La victime, qui circulait à pied sur la chaussée était en train de pousser son vélo. Elle a été renversée à environ 60 km/h par le véhicule. Le piéton a bien été détecté par les capteurs du véhicule, mais le logiciel a « décidé » de ne pas freiner.

Un autre point intéressant dans le fait que les robots se soustraient à la loi est que les lois protectrices des êtres humains ne s'appliquent pas aux robots. Ainsi, s'il est condamnable de tuer, violer, frapper, torturer, harceler une personne humaine (y compris certains animaux), rien n'empêche un robot de tuer, violer, frapper, torturer, harceler, quand bien même il a une apparence humaine. Or, les progrès de la robotique pourraient faire émerger des générations d'humanoïdes parfaitement ressemblants avec les êtres humains dans les 30 ans qui viennent.

Dans *West World,* une série américaine de la société de production HBO, un parc d'attraction propose à ses visiteurs fortunés de revivre les frissons de la conquête de l'Ouest. Dans ce parc, habité par des robots humanoïdes, tous les fantasmes sont permis. On peut par exemple avoir un rapport sexuel avec un robot dans une maison close où la prostitution est légale ou tuer un robot en se mesurant à lui en duel au pistolet etc. Le parc autorise l'expression de tous les fantasmes même les plus mortifères le temps d'un séjour.

La prostitution

Plusieurs sociétés aux États-Unis, en Chine et au Japon développent des poupées sexuelles. Ces poupées sont de plus en plus réalistes. En Autriche, pays où la prostitution est légale, certaines maisons closes proposent déjà le recours à des prostituées robots. Ces prostituées d'un nouveau type rencontrent un certain succès. En France, la prostitution est interdite mais le fait de recourir à des robots pourrait être une manière de contourner la loi et de créer de véritables maisons closes proposant des prestations sexuelles mais sans intervention humaine[40].

CERTAINES ACTIVITÉS INTERDITES POURRAIENT DEVENIR LÉGALES AVEC L'ÉMERGENCE DES ROBOTS HUMANOÏDES.

---

[40] En 2017, la première maison close proposant les services de poupées sexuelles, *Sexdolls* a ouvert à Paris.

QUESTION PHILOSOPHIQUE : LA SEXUALITÉ HUMAINE RISQUE-T-ELLE DE DISPARAÎTRE ?

Les concepteurs de robots développent des poupées sexuelles des deux sexes. J'ai pu rencontrer en 2018 le fondateur du premier club qui propose ce type de service à Paris et découvrir les robots qu'il met à disposition de ses clients. Cette expérience fut extrêmement troublante. En effet, ce qui est déconcertant, c'est le réalisme de la peau et de la chair des humanoïdes. Je ne suis pas certain qu'une personne puisse avec les yeux fermés distinguer une peau synthétique d'une peau humaine. Et nous ne sommes qu'au début de ces développements.

Google vient de dévoiler *Tacotron 2* un nouveau moteur de synthèse vocale dont le résultat est bluffant. Avec *Tacotron 2*, il n'est pas possible de distinguer une voix de synthèse d'une voix humaine. Pour réaliser cet exploit, Google s'appuie sur deux réseaux de neurones artificiels. Le premier transforme le texte en spectrogramme audio et le second décrypte le spectrogramme et le transforme en fichier audio. Cette révolution dans la synthèse de la voix est un pas de plus fait vers l'humanisation des intelligences artificielles sous la forme d'humanoïdes.

LA VOIX, LA PEAU, LES EXPRESSIONS DU VISAGE... LES HUMANOÏDES RESSEMBLENT DE PLUS EN PLUS AUX ÊTRES HUMAINS.

La société américaine *Hanson Robotics* a dévoilé en 2016 un robot humanoïde du nom de Sophia. Sophia est capable de reproduire plus de 60 expressions faciales. Elle dispose en plus d'une intelligence artificielle qui la rend capable d'interagir avec des êtres humains. Elle peut comprendre le langage et se rappeler des interactions passées comme le visage d'une personne avec laquelle elle a parlé. Sophia est destinée à intervenir dans les domaines des soins médicaux, des thérapies, de l'éducation et dans des applications de service à la clientèle.

Ces différentes avancées technologiques montrent que le point de convergence des technologies est proche. Le robot humanoïde identique à l'être humain sur le plan physique existera dans moins de quinze ans. Ce robot sera capable d'interagir avec des êtres humains. Il sera intelligent et doté de peau et de chair produisant des sensations comparables à celles d'un être humain. L'un des premiers marchés pour ces robots sera celui des partenaires sexuels. Et dans ce domaine, comme dans tous les autres, les robots concurrenceront les êtres humains.

LE PREMIER MARCHÉ DES HUMANOÏDES SERA CELUI DES PARTENAIRES SEXUELS.

Ces robots sexuels seront programmés dans le seul but d'apporter du plaisir à leurs partenaires. Ils ne seront jamais fatigués, ils n'auront jamais de « pannes » ou la « migraine ». Ils seront disponibles tous les jours de l'année à n'importe quelle heure du jour et de la nuit. Ils ne seront porteurs d'aucune maladie à condition de respecter leurs règles d'entretien. Le risque d'attraper une MST en ayant un rapport sexuel avec un robot sera nul. Ces robots accepteront des relations sexuelles avec n'importe quel partenaire, beau ou laid, grand ou petit, musclé ou en surpoids…

Les hommes et les femmes qui choisiront d'avoir un robot comme partenaire sexuel n'auront plus l'obligation d'utiliser des moyens de contraception dont l'usage n'est pas sans effet sur la santé (pilules chimiques, stérilet etc.) ou sans contraintes (préservatifs). Ces robots se comporteront exactement de la manière voulue par leurs utilisateurs. Ils pourront leur apporter de l'affection, de la tendresse ou de la douceur comme les écouter ou au contraire se montrer brutaux ou mutiques. Les propriétaires de robots sexuels pourront réaliser tous leurs fantasmes ou presque.

LA CONSÉQUENCE DE CES ROBOTS SEXUELS SERA L'ÉMERGENCE DE NOUVELLES FORMES D'ORGANISATION SOCIALE.

Il est probable que si de tels robots sont commercialisés, la sexualité entre êtres humains se limitera de plus en plus. Les robots sont en capacité de transformer la structure sociale des sociétés humaines dont l'organisation repose sur le couple et par extension la famille. Bien sûr, le couple ne repose pas uniquement sur des relations de nature sexuelle. Le couple est aussi une relation émotionnelle, spirituelle et matérielle. La question est alors de savoir si un robot serait capable d'avoir une relation affective. Ou s'il pourrait travailler pour contribuer aux revenus du foyer...

Il est tout à fait possible que l'avènement de robots humanoïdes entraîne l'apparition de nouvelles formes d'organisation sociale. Il y aura des êtres humains qui vivent ensemble, les êtres humains qui vivent seuls et des êtres humains qui vivent avec un robot... De la même façon, on peut imaginer que les robots pourraient remplacer les parents dans un certain nombre de tâches familiales. Ces « robots-nounous » apporteraient une assistance permanente aux enfants en les nourrissant, les éduquant, les amusant et même en leur apportant de la sécurité et du réconfort[41].

LES ROBOTS NOUS REMPLACERONT OU NOUS COMPLÈTERONT DANS DE NOMBREUSES TÂCHES DE NATURE SOCIALE.

Une telle évolution semble lointaine mais je suis convaincu qu'elle arrivera plus vite qu'on ne le croit. En écrivant ce livre, j'ai parfois l'impression d'être comme ces paysans, qui, au début du XIXème siècle, entendaient parler, du fin fond de leur campagne du cinéma, de l'aviation et de l'automobile. Voyez ce qu'est devenu le monde 100 ans plus tard… La révolution technologique qui nous attend est sans précédent car les choses vont beaucoup plus vite aujourd'hui qu'il y a un siècle. Reste à savoir comment les êtres humains vont réussir à s'y adapter.

Bien sûr, ces scénarii ne sont à ce stade que des hypothèses…

---

41 La technologie nous surprend parfois. Telle n'a pas été ma surprise lorsque j'ai découvert que les Japonais avaient ainsi inventé, non pas un « robot-nounou » mais un « robot-bébé ». Ce « robot-bébé », baptisé Yotaro, a été créé par une équipe de l'université de Tsukuba en 2010. Son visage peut simuler des émotions et des expressions. Il modélise également la réaction au toucher, l'humeur et même la maladie grâce à un nez qui coule. Il imite les comportements vulnérables d'un nouveau-né et est destiné à stimuler l'instinct maternel et paternel chez les jeunes gens pour leur redonner envie d'avoir des enfants… Ailleurs, aux États-Unis et en Australie, des robots ont au contraire été utilisés pour prévenir les grossesses adolescentes. Ces expérimentations ont révélé un nombre plus élevé de grossesses parmi les groupes auxquels un faux-bébé avait été confié par rapport au groupe de contrôle. Il semblerait que le fait de prendre l'habitude d'interagir avec un être vulnérable (dût-il être un robot), imitant les comportements d'un bébé, stimule le désir d'avoir des enfants… Une solution envisagée en tout cas par les Japonais pour stopper le déclin inexorable de leur taux de natalité.

FACTEUR N°4 : LES FACTEURS SOCIOCULTURELS

1 LA DÉMOGRAPHIE

L'Allemagne et le Japon, qui ont des taux de natalité faibles et risquent d'être confrontés à une pénurie de main d'œuvre dans les années à venir, sont aussi les pays qui automatisent le plus leurs activités industrielles[42]. À l'inverse, la France, qui est un pays caractérisé par une démographie relativement dynamique, automatise moins, car chaque année les entrants sur le marché du travail sont très nombreux, réduisant d'autant la tentation de l'automation chez les dirigeants d'entreprise qui disposent d'une main d'œuvre qualifiée en nombre.

La démographie est un facteur clef, car elle joue sur différents facteurs déjà cités ou qui vont être évoqués plus avant. Plus un pays a un taux de natalité élevé et plus la main d'œuvre est nombreuse et donc relativement peu chère. Cela rend les êtres humains plus compétitifs par rapport aux robots.

---

[42] Les quatre pays les plus automatisés dans l'industrie manufacturière sont : la Corée du Sud, Singapour, l'Allemagne et le Japon (Source : *Les Échos*).

Cela a également tendance à réduire la proportion des dépenses de santé et donc à faire diminuer les coûts indirects de personnel. À l'inverse, un taux de natalité faible entraîne une pénurie de main d'œuvre et donc une augmentation des coûts de personnel.

PLUS LE TAUX DE NATALITÉ D'UN PAYS EST FAIBLE, PLUS LA POPULATION EST VIEILLISSANTE ET PLUS LA PROBABILITÉ D'AUTOMATION DES MÉTIERS EST ÉLEVÉE.

Au-delà du taux de natalité, c'est également le facteur de vieillissement de la population qu'il est important de prendre en considération. Plus une population vieillit, plus la proportion d'actifs diminue par rapport aux retraités et plus il est nécessaire d'automatiser afin de faire des gains de productivité. Les robots sont les seuls capables de sauver l'État-Providence en décuplant la productivité des salariés. Ils sont par ailleurs nécessaires pour apporter aide et assistance aux plus âgés, les métiers de l'aide à la personne restant peu attractifs.

2 LE TAUX DE CHÔMAGE

Le taux de chômage est également un facteur important car il joue sur l'offre de main d'œuvre sur le marché du travail. Plus le taux de chômage est élevé et plus il existe une main d'œuvre abondante et disponible pour les employeurs. Cela réduit les coûts indirects liés au recrutement et, en assurant un maintien des salaires au plus bas, réduit d'autant « la tentation de l'automation ». En effet, nous avons vu que les facteurs de pénurie de main d'œuvre jouaient positivement sur la probabilité d'automation.

Le taux de chômage peut avoir des effets globaux, sectoriels ou régionaux. Par exemple en France, le taux de chômage est plus bas dans la Région Ile-de-France et dans la Région Auvergne-Rhône-Alpes que dans le reste du pays. Cela peut encourager les entreprises situées dans ces zones géographiques à automatiser, alors que dans d'autres départements comme les Pyrénées-Orientales ou l'Hérault où le taux de chômage est relativement élevé, les entreprises auront moins intérêt à investir dans l'automation car elles disposent d'une main d'œuvre en nombre[43].

Voilà pourquoi les grandes métropoles sont les endroits où l'on automatise le plus (le cas de Singapour en tant que ville-État est très marquant). Ce sont aussi dans les grandes métropoles que la main d'œuvre est la plus qualifiée. C'est donc dans les grandes métropoles que le cercle vertueux de l'automation fait son œuvre entraînant une hausse de la productivité et générant donc beaucoup de valeur. Dans les autres régions, c'est plutôt l'inverse qui se produit : baisse de la productivité et diminution du niveau de qualification des travailleurs.

---

[43] Ces propos sont à modérer. En effet, tout dépend de l'adéquation entre l'offre et la demande de compétences. Il peut exister une région avec un taux de chômage élevé et des entreprises qui rencontrent des difficultés de recrutement. Il suffit pour cela que les aspirations et les compétences des travailleurs soient en inadéquation avec les métiers que proposent les employeurs.

PLUS LE TAUX DE CHÔMAGE EST ÉLEVÉ ET PLUS LA PROBABILITÉ D'AUTOMATION DES MÉTIERS EST ÉLEVÉE.

3 LA VOLONTÉ POLITIQUE

Parmi les facteurs qui influent sur la probabilité d'automation, les facteurs politiques et culturels sont centraux. En effet, les gouvernements ont une position plus ou moins favorable à l'égard de l'automation. Les décideurs politiques peuvent être tentés de favoriser ou non l'automation dans les organisations en prenant des mesures incitatives ou au contraire restrictives quant à l'automation. Tout dépend de la culture des décideurs politiques mais également de facteurs comme le taux de chômage et la démographie.

Automatiser, c'est faire un pari risqué. Automatiser, c'est faire le pari que l'augmentation de la productivité qui en résultera ne sera pas uniquement redistribuée sous forme de dividendes aux actionnaires, mais servira à l'investissement et donc au développement des entreprises. C'est aussi faire le pari que la population s'emparera de cette évolution technologique et acceptera d'investir du temps et de l'énergie dans l'amélioration de son niveau de qualification. L'automation est un environnement de travail qui challenge plus qu'il ne protège.

FAVORISER L'AUTOMATISATION C'EST FAIRE LE PARI QUE L'AUGMENTATION DE LA PRODUCTIVITÉ SERVIRA À L'INVESTISSEMENT ET DONC AU DÉVELOPPEMENT DES ENTREPRISES.

Il peut donc être tentant de vouloir ralentir l'automation sous prétexte qu'elle favorise la destruction d'emplois. En faisant ce choix, les décideurs politiques font un choix très court-termiste. Car certes, il protège les franges de la population les moins qualifiées mais en même temps, il empêche les entreprises et les services publics d'améliorer leur productivité et donc aux salariés les plus performants d'améliorer leur niveau de qualification. Ils empêchent la mise en place du cercle vertueux de l'automation.

La taxe-robot

Bill Gates, le fondateur de Microsoft, est favorable à l'instauration d'une taxe-robot. Cette taxe aurait pour but de rééquilibrer la taxation qui est à l'œuvre sur le travail avec celle inexistante aujourd'hui sur les robots. Si un travailleur humain produit une richesse de 10 000 euros, ce revenu est taxé. Il devrait en être de même pour la même valeur produite par un robot.

Cette idée est reprise un peu partout dans le monde notamment en Corée du Sud où une taxe sur les robots va être instaurée. En France, des candidats à la présidentielle ont repris cette idée pour défendre le financement du système social. Il est vrai qu'un monde dépourvu de travailleurs ne pourrait pas collecter d'impôts, du moins tels qu'ils sont collectés aujourd'hui.

L'objectif est donc de transférer une part des impôts qui taxent le travail humain sur les robots. Ce type de mesure est en capacité de réduire les opportunités de l'automation car elle renchérit le coût des robots à l'achat et à l'usage. Une telle mesure pourrait favoriser le recours aux êtres humains plutôt qu'à des systèmes automatisés.

La limite de ce type de mesure est qu'en réalité, si les robots sont en compétition avec les humains, les humains sont également en compétition entre eux. L'alternative principale à la robotisation est la délocalisation. Une taxe-robot pourrait donc favoriser la délocalisation des activités à l'étranger et empêcher l'accroissement de la productivité.

4 L'ÉTHIQUE, LA MORALE OU LA RELIGION

Les facteurs qui tendent à réduire ou augmenter l'automation peuvent être de nature éthique, morale ou encore religieuse. Le rapport aux objets inanimés comme les robots, est très différent selon les cultures. Par ailleurs, le fait d'utiliser des robots pour réaliser certaines activités peut être jugé contraire à l'éthique. C'est le cas des « robots-tueurs ». En 2017, Elon Musk et une centaine de PDG des nouvelles technologies ont écrit au Secrétaire général des Nations unies pour l'alerter sur l'émergence des armes autonomes.

L'usage des robots dans certaines activités peut par ailleurs être réprouvé sur le plan moral comme le fait de faire éduquer ses enfants par des robots, de remplacer des enfants par des robots, d'avoir des relations amoureuses ou d'amitié avec des robots[44]. Les robots-sexuels sont ainsi accusés de « favoriser la pédophilie[45] » sans qu'aucune étude sérieuse ne vienne étayer ces propos. Les traditions vont être bouleversées par les robots. Les sociétés les plus conservatrices risquent alors de s'opposer violemment au développement des robots.

EN FRANCE, NOMBREUX SONT CEUX QUI CROIENT QUE C'EST EN FREINANT L'AUTOMATION QU'ON PRÉSERVE LES EMPLOIS.

En France, le risque principal réside dans la croyance solidement ancrée dans les esprits que c'est en freinant l'automation qu'on préserve les emplois. Dans les modèles de pensée marxiste, la mécanisation (et par extension la robotisation) est accusée d'asservir les êtres humains. Le caractère idéologique de ce mode de pensée empêche bien souvent de penser le problème d'un point de vue dépassionné et pragmatique. Que voulons-nous pour demain ? Une économie forte et productive ou une économie qui prend du retard et qui décroche ?

---

[44] Le film *Her* se déroule en 2025 à Los Angeles. Théodore souffre d'une dépression consécutive à une séparation. C'est alors qu'il installe un nouveau système d'exploitation OS1, auquel il donne une voix féminine. Rapidement, il commence à entretenir avec l'intelligence artificielle une étrange relation qui s'apparente de plus en plus à une relation amoureuse… Ce film salué par la critique est un prélude aux nouvelles formes de relations sociales qui pourraient apparaître dans les années à venir entre des êtres humains et des machines. Ces évolutions ne seront pas sans susciter des interrogations éthiques ou morales.

[45] Cet argument a notamment été utilisé par certains élus de la Mairie de Paris pour tenter de faire interdire la première maison close parisienne où ne travaillent que des robots.

La logique de l'honneur

Parmi les pays industrialisés, la France fait figure d'exception. En effet, alors que des pans entiers de son économie fonctionnent sur la base d'une organisation industrielle (automobile, aéronautique, produits manufacturiers etc.), d'autres pans de son économie, non moins importants, continuent de fonctionner sur la base d'une organisation artisanale. C'est le cas notamment de la médecine, de l'enseignement et de la formation, du transport des personnes ou encore du bâtiment et de certaines activités agricoles. Je m'explique.

Une organisation industrielle repose sur un principe de division du travail. La production d'un produit ou d'un service est «divisée» en une série de tâches assurées chacune par un travailleur spécialisé. Cet ensemble de tâches est compris comme un seul processus de production auquel chacun contribue. Dans une organisation industrielle, la création de la valeur est collective et jamais individuelle. Cette organisation permet de faire d'importants gains de productivité puisque le processus est sans cesse amélioré.

Une organisation artisanale repose au contraire sur un principe d'unité du travail. La production du produit ou du service est assurée par un seul individu. Celui-ci réalise l'ensemble des tâches. C'est lui qui assure également le contrôle de la qualité et éventuellement la vente du produit. Le processus de production est donc individuel et multiple puisqu'il existe autant de processus de production que d'individus. Cette organisation est bien sûr beaucoup moins efficiente et performante qu'une organisation industrielle.

Si l'on reprend l'organisation de la santé en France, on constate qu'il existe plusieurs milliers d'artisans de la médecine : les médecins libéraux. Les médecins libéraux assurent de nombreuses tâches. Ils diagnostiquent des maladies, prescrivent des médicaments, vaccinent et établissent des certificats d'aptitudes à la pratique d'un sport. Dans une organisation industrielle, chacune de ces tâches serait dévolue à un opérateur de médecine spécialisé. Il y aurait des « ausculteurs », des « vaccineurs », des « certificateurs » ...

Les Français ont une préférence pour les organisations artisanales car ils sont porteurs d'un désir profond, forgé par leur culture, d'être « créateurs » dans leur travail. D'Iribarne (1989) désigne cette logique culturelle par l'expression « logique de l'honneur ». Vous mesurez j'en suis sûr les freins qu'une telle logique culturelle peut générer quant à l'émergence d'une société robotisée dans laquelle le créateur du produit ou du service n'est plus un être humain mais un robot. Il ne s'agit plus de diviser un métier en tâches mais de le déléguer entièrement.

5 L'ATTIRANCE POUR LES NOUVELLES TECHNOLOGIES

Certaines populations présentent un attrait plus ou moins grand pour la technologie et pour l'automation. Au Japon, les robots ont déjà été très popularisés par la culture des mangas. En Chine et en Corée du Sud, qui sont des économies jeunes et ambitieuses, l'attrait pour les nouvelles technologies est extrêmement fort. Aux États-Unis, la Californie est aujourd'hui le cœur mondial de toutes les innovations numériques. Dans la vieille Europe, l'attrait pour les nouvelles technologies est plus mesuré et dépend des pays et des régions.

Cet attrait pour les nouvelles technologies et les robots dépend également des secteurs d'activité. L'industrie japonaise est très automatisée, mais dans d'autres secteurs comme le service ou le commerce de détail, le niveau d'automation est très faible. Ce qui est assez déconcertant quand on se rend au Japon, qui a l'image d'un pays très automatisé, c'est qu'on n'y voit pas de robots. Les Japonais adorent payer en liquide et utilisent assez peu la carte bancaire. Et aux péages des autoroutes, il y a toujours des caissiers…

Si l'on veut dessiner un portrait de l'attrait pour les nouvelles technologies, il faut moins raisonner en termes de pays que par zones. Chaque zone est déterminée par l'âge et le niveau de qualification des personnes qui y vivent. Dit simplement, les populations les plus ouvertes aux nouvelles technologies sont jeunes, diplômées et vivent dans des grandes métropoles. Ce sont d'ailleurs ces populations qui créent, manipulent et utilisent le plus facilement les nouvelles technologies au travail et dans leur vie personnelle. Ce sont eux les pivots de son développement.

Un robot dans un temple bouddhiste

Dans le temple bouddhiste de Longquan, à Shanghai, vous trouverez à l'entrée un robot-moine. Ce robot se prénomme Xian. Il a été inventé pour accueillir les visiteurs du temple. Il est programmé pour offrir des réponses fournies par les maîtres du temple et ainsi sensibiliser les visiteurs à l'art de vivre des moines. Verra-t-on bientôt des robots au Vatican ou dans les églises catholiques ?

CHAPITRE 2 :

LES SIX QUESTIONS À SE POSER POUR SAVOIR SI UN MÉTIER SERA AUTOMATISÉ DEMAIN

LES SIX QUESTIONS À SE POSER POUR SAVOIR SI UN MÉTIER SERA AUTOMATISÉ DEMAIN

Dans le chapitre précédent, nous avons évoqué les facteurs qui augmentent ou réduisent la probabilité d'automation de certains métiers, dans certains secteurs d'activités, dans certains environnements culturels, économiques et sociaux. Nous allons voir maintenant les facteurs qui peuvent augmenter ou réduire les risques d'automation des métiers en eux-mêmes. Si vous souhaitez savoir quels sont les métiers qui seront automatisés demain, il suffit de se poser six questions essentielles.

En complément de ce livre, j'ai développé une application informatique qui permet de mesurer les risques et les opportunités d'automation des métiers. Cette application fonctionne sur la base des critères indiqués dans ce livre manipulés par un algorithme. Pour chaque critère, nous avons utilisé la « méthode des juges »[46] afin de positionner chaque

[46] La « méthode des juges » consiste à faire évaluer un critère donné par trois juges sélectionnés pour leur niveau de compétences ou d'expertise dans un domaine donné. Pour cette recherche et la création de l'application, les trois juges sélectionnés étaient un psychologue du travail, un DRH et un Ergonome.

métier sur le critère déterminé. Vous pouvez vous rendre sur le site www.revolution-robot.fr afin de connaître les risques d'automation des différents métiers.

❶ POUR LES SALARÉS : PILOTER LEUR CARRIÈRE

Cet outil prédictif poursuit plusieurs objectifs. Les salariés peuvent l'utiliser afin d'évaluer les risques d'automation de leur métier et ainsi entreprendre les démarches nécessaires (conseil en évolution professionnelle, bilan de compétences, formation, reconversion, création d'entreprises etc.) pour anticiper la disparition de leur métier. Il s'agit d'un outil destiné à les aider à piloter leur carrière de façon intelligente et proactive en identifiant les métiers d'avenir et ceux qui seront amenés à disparaître à court ou moyen terme.

Voici comment un salarié doit interpréter les résultats donnés par l'application :

- **Si la probabilité d'automation de son métier est ≤ 30% :** dans ce cas, son métier a peu de chances d'être automatisé à court ou moyen terme. Le salarié est en quelque sorte « protégé » du phénomène d'automation, ce qui ne doit pas l'empêcher de rester vigilant quant aux évolutions technologiques.
- **Si la probabilité d'automation de son métier est comprise entre 30 et 70% :** dans ce cas, son métier a des chances moyennes d'être automatisé. Il est en revanche fort probable qu'il soit automatisé partiellement, ce qui

nécessitera forcément une évolution de ses compétences. Si le salarié ne se forme pas, il peut voir son employabilité diminuer.

- **Si la probabilité d'automation est ≥ 70% :** dans ce cas, le métier du salarié a de fortes chances d'être automatisé. Il doit réagir rapidement en entreprenant une reconversion professionnelle via une formation ou la création d'une entreprise. Dans le cas contraire, le risque est de se retrouver sans emploi et avec des chances faibles d'en retrouver un.

2 POUR LES DIRIGEANTS : METTRE EN PLACE UNE GPEC

Pour les dirigeants d'entreprise et leur service RH, l'outil prédictif s'utilise d'une façon un peu différente. Ils peuvent réaliser, en faisant appel à un consultant Orient'Action® ou en utilisant l'outil seul, une cartographie des risques d'automation des métiers et fonctions présents dans leur organisation. Cette cartographie désigne les catégories de salariés qui seront formés en priorité pour préparer leur évolution interne ou externe. Car certaines fonctions vont, à court ou moyen terme, disparaître puisque assurées par des robots.

Par ailleurs, ce qui est un risque pour le salarié ne l'est pas forcément pour l'entreprise. Ainsi, l'automation d'une tâche ou d'un métier dans un pays où les charges sociales sont parmi les plus élevées du monde représente pour tout dirigeant l'opportunité unique de réduire ses charges et donc d'augmenter ses marges, et donc sa capacité à investir. Un dirigeant d'entreprise doit connaître les métiers qu'il peut et doit automatiser à court ou moyen terme pour accroître sa productivité et donc favoriser la croissance de son entreprise.

UN DIRIGEANT D'ENTREPRISE DOIT CONNAÎTRE LES MÉTIERS QU'IL PEUT ET DOIT AUTOMATISER À COURT OU MOYEN TERME POUR ACCROÎTRE SA PRODUCTIVITÉ

Les décideurs qui choisissent de ne pas automatiser empêchent la productivité de progresser. La productivité de leur entreprise stagne ou baisse. L'entreprise perd des parts de marché, innove moins, investit moins et rémunère moins ses collaborateurs. À terme, la pérennité de l'entreprise est menacée. Le jardinier qui veut de beaux fruits coupe les branches qui ne produisent pas de fruits. Ainsi il favorise la croissance des fruits qui captent toute la sève de l'arbre. Pour une entreprise, les fruits, ce sont les activités à forte valeur ajoutée.

3 POUR LES DÉCIDEURS POLITIQUES : ORIENTER L'EFFORT DE FORMATION

Les décideurs politiques ont le pouvoir de renforcer ou d'affaiblir certaines filières de formation. Leur *vista* de l'avenir des métiers et de l'économie est déterminante car ce sont eux qui flèchent les fonds de la formation. Les Présidents de Régions gèrent une grande partie de ces fonds. Ce sont eux qui ont la charge de structurer « l'appareil de formation régionale », c'est-à-dire l'outil qui permet de préparer les salariés et les demandeurs d'emplois aux métiers de demain et non à des métiers anciens ou qui risquent d'être automatisés.

Beaucoup de temps, d'énergie et de bonheur perdus dans une formation…

Un des membres de ma famille était cameraman. Son emploi ayant disparu, il décida d'entreprendre une reconversion. Il réalisa alors un bilan de compétences. Le bilan de compétences conclut qu'il devait s'orienter vers les métiers du web et devenir concepteur de sites Internet. Il s'inscrit alors à une formation de concepteur de sites Internet financée par la région et le Pôle emploi. Ce garçon qui a presque 40 ans fait confiance à son conseiller en bilan de compétences et à une formation débouchant sur une certification reconnue.

Lorsque je le rencontre et qu'il me raconte son parcours, il s'attend à ce que je le félicite. Et là, il tombe des nues lorsque je lui explique que le métier de concepteur de sites Internet est en train de disparaître. Au moment où il se forme sur ce métier, ce métier a déjà disparu. Pourquoi ? Parce que ce métier a été industrialisé et qu'aujourd'hui des plates-formes comme WIX, 1&1 et bien d'autres proposent des sites clef en main. Savoir développer un site Internet, savoir coder un site sur le plan technique n'a plus aucune utilité parce que ce sont des machines qui le font…

Ce membre de ma famille est sur le point de se retrouver au RSA. Il a investi tout son temps et toute son énergie dans ce projet, pensant s'en sortir. Il a fait confiance à des professionnels de l'orientation et de la formation qui ne s'étaient pas suffisamment interrogés sur les débouchés de ces formations, se basant sur des préjugés « on recherche des gens dans l'informatique » plutôt que sur des études valides et approfondies. Combien de destins personnels un « appareil de formation » inadapté peut-il mettre en péril ? Telle est en partie la raison d'être de ce livre[47].

Les pouvoirs publics ne peuvent pas continuer à investir dans des formations qui ne conduisent pas à un métier réel. L'objectif n'est pas seulement de faire sortir les gens des chiffres du chômage, il est de donner un emploi valorisant à des êtres humains qui aspirent à avoir une vie professionnelle sécurisante et épanouissante. Car le travail est la condition même de l'existence dans nos sociétés modernes. L'État a donc une responsabilité sur ce plan. Il doit pouvoir donner les moyens à tous de se repérer dans ce monde complexe et difficile.

Trois ingrédients me semblent indispensables pour atteindre cet objectif : (1) Communiquer une vision claire de l'économie de demain et de ses métiers, (2) Organiser et structurer un

---

[47] Aux dernières nouvelles, ce membre de ma famille a décidé de continuer de se former en intégrant une formation de développeur informatique en contrat de professionnalisation. Effectivement, on recherche activement des développeurs informatiques. Cette fois, le choix est pertinent.

« appareil de formation » capable de former les salariés à ces métiers et de les aider à s'adapter à ce nouvel environnement. (3) Disposer d'un outil d'orientation performant capable de suivre en temps réel l'évolution des métiers et de partager avec les salariés et les décideurs les grandes orientations qu'il faut prendre pour réussir demain.

QUESTION N°1 : CET EMPLOI EST-IL RÉPÉTITIF ?

« La répétition est la plus forte des figures de rhétorique. »

NAPOLÉON BONAPARTE

•••

Aujourd'hui, il est communément admis que plus un emploi est répétitif, plus il est facile de l'automatiser. Ce constat a été déjà fait dans le secteur industriel, notamment dans le secteur automobile, dans lequel de nombreuses tâches ont été automatisées sur les chaînes de montage. Ce que la mécanique, l'électronique et la pneumatique ont rendu possible dans les usines, le numérique est en train de le réaliser dans les bureaux. La première moitié du XXIème siècle sera sous le signe de la révolution robotique dans les services.

1 COMMENT DÉFINIR PRÉCISÉMENT LE FACTEUR « RÉPÉTITIVITÉ » ?

Le facteur *« Répétitivité »* correspond au nombre de tâches qu'il est nécessaire d'effectuer pour réaliser un travail.

Chaque métier peut être découpé en une série de tâches. Pour réaliser chacune de ces tâches, le travailleur mobilise des compétences spécifiques. Moins ces tâches sont nombreuses et plus un métier est répétitif. L'inverse est également vrai. Le facteur « *Répétitivité* » peut donc se définir comme *le nombre de tâches différentes qu'un employé doit effectuer pour réaliser son travail et atteindre les objectifs fixés.*

La saisie comptable

La saisie comptable est une activité qui consiste à saisir chaque facture client et chaque facture fournisseur dans un logiciel de comptabilité. Il s'agit d'une activité répétitive qui coûte cher aux entreprises. Dans les années 2000, des cabinets d'expertise-comptable ont commencé à proposer à leurs clients de délocaliser cette activité. La saisie comptable était alors réalisée dans des pays étrangers où la main d'œuvre est à très bas coût comme à Madagascar. La délocalisation de ces activités a été rendue possible grâce aux transferts de données par Internet[48].

Cette solution, si elle a permis de produire une comptabilité à faible coût, a aussi généré de nombreux problèmes. Le manque de compréhension des règles comptables par

[48] En 2018, j'ai choisi pour des raisons d'organisation et de coût de faire appel à *Clémentine*, un cabinet d'expertise-comptable qui propose une solution *online*. Plusieurs mois plus tard, un autre cabinet qui a délocalisé une partie de son activité à Madagascar m'a fait une proposition commerciale. Il n'était pas compétitif. Dans ce secteur en tout cas, les robots permettent une réduction des coûts supérieure à une délocalisation.

des salariés étrangers peu formés et maîtrisant mal la langue française entraîna des erreurs. Le suivi à distance n'était pas évident. Il fallait également scanner tous les documents, ce qui prenait beaucoup de temps. Enfin, les cabinets d'expertise-comptable qui se sont lancés dans ces opérations de délocalisation ont pu voir leur image se dégrader auprès de leurs clients et de leurs fournisseurs[49].

D'autres cabinets d'expertise-comptable ont alors commencé à s'intéresser à des solutions de traitement des données complètement automatisées. L'évolution de la réglementation a favorisé l'émergence de ces systèmes, en permettant la télétransmission des informations collectées par les banques aux cabinets d'expertise comptable, supprimant ainsi l'activité de saisie des informations présentes sur les relevés de compte. La saisie des factures clients réalisée par un logiciel a également disparu ainsi que celle des factures fournisseurs directement numérisées.

Ces évolutions technologiques ont poussé les cabinets d'expertise-comptable à supprimer les postes d'opérateurs de saisie et de comptabilité de premier niveau. Par ailleurs, elles ont réduit grandement la valeur ajoutée de l'activité comptable. En effet, de nombreuses opérations ont été purement et simplement supprimées de la chaîne de valeur. Et ce, alors que les cabinets d'expertise-comptable,

---

49 Les cabinets d'expertise-comptable travaillent en majorité pour des entreprises locales qui subissent elles-mêmes la concurrence des pays à bas coût.

proposant des solutions totalement automatisées, attaquaient le marché avec une offre à bas coût, réduisant la clientèle et minant les marges des cabinets traditionnels.

Les cabinets d'expertise-comptable ont dû alors se repositionner, soit en proposant des solutions automatisées, soit en diversifiant leurs activités, soit en montant en gamme. Cela a entraîné une modification profonde des besoins en main d'œuvre du secteur. D'un côté les « petites mains » (opérateurs de saisie, comptables etc.) ont vu les opportunités professionnelles se réduire. De l'autre, la demande en experts de haut niveau (gestionnaires de patrimoine, immobilier d'entreprise, avocats d'affaires etc.) et d'ingénieurs en système d'information a explosé.

Le cas est intéressant car il est représentatif de ce qui se passe dans de nombreux secteurs. Globalement, le nombre de salariés employés dans le secteur de la gestion et de la comptabilité diminue car ils sont remplacés par des robots (des logiciels informatiques). Mais cette diminution se fait majoritairement au niveau des métiers les moins qualifiés tandis que les métiers les plus qualifiés voient quant à eux leurs effectifs progresser. Les grands gagnants de cette évolution sont les salariés hautement qualifiés et les grands perdants les salariés peu qualifiés.

Du point de vue des compétences, les cabinets d'expertise-comptable recherchent en priorité des doubles expertises. On veut des experts qui maîtrisent à la fois la « finance et le numérique » ou qui soient d'excellents commerciaux.

Un expert-comptable qui est seulement un bon technicien n'est plus valorisé. Le problème se pose également au niveau des collaborateurs comptables. Ces derniers doivent rapidement monter en compétences sans quoi ils seront rattrapés par le « rouleau compresseur du numérique ». Une course contre la montre a démarré pour eux.

Il convient de distinguer « *Répétitivité* » et « *Complexité* ». En effet, certains emplois sont complexes parce qu'ils nécessitent des compétences difficiles à acquérir, mais ils sont répétitifs. C'est le cas du métier d'enseignant au collège ou au lycée ou du médecin généraliste exerçant en cabinet libéral. Ces deux emplois sont complexes car ils nécessitent des employés très qualifiés, mais ils sont répétitifs car le processus de production de ce service, enseigner pour l'un, diagnostiquer et prescrire pour l'autre, est répétitif.

Inversement, il existe des métiers qui sont très peu complexes mais qui sont extrêmement variés et donc peu répétitifs, comme les métiers d'aide à domicile travaillant auprès des personnes âgées et devant accomplir pour elles un grand nombre de tâches simples comme faire les courses, passer l'aspirateur, nettoyer les vitres, cuisiner, faire la lessive, repasser, ranger etc. Le cas est encore plus marquant pour les assistants de direction dont aucune journée ne se ressemble. Ils accomplissent des centaines de tâches différentes dans une même semaine.

CERTAINS EMPLOIS COMPLEXES RÉSERVÉS À DES PERSONNES DIPLÔMÉS SONT EN FAIT TRÈS RÉPÉTITIFS.

En matière d'automation, la *« Répétitivité »* prime sur la *« Complexité »* car il est très difficile d'automatiser un métier très varié. Pourquoi ? Parce qu'il faut utiliser autant de robots qu'il existe de tâches. Or, si on utilise plusieurs robots, on ne parviendra pas à les rentabiliser car ils ne fonctionneront pas au maximum de leurs possibilités. Ils fonctionneront trop rarement pour que les coûts d'investissement puissent être rentabilisés. C'est le cas d'un(e) aide à domicile ou d'un(e) assistant(e) de direction, dans l'état actuel de la technologie.

À l'inverse, les métiers d'enseignant ou de médecin généraliste pourraient être largement automatisés. Pour le métier d'enseignant, on a des exemples d'automation réussis via des applications informatiques de type *Babbel*[50] ou celles

---

[50] Je n'ai jamais compris le système français d'enseignement. En France, chaque enseignant construit ses propres cours. Cette organisation artisanale est défendue bec et ongle par un grand nombre d'enseignants qui y voient la condition de leur autonomie et de leur liberté. Or, si on réfléchit de façon rationnelle, il n'est pas efficient qu'un million d'enseignants passent chacun plusieurs dizaines d'heures à fabriquer des cours alors que ces cours pourraient être fabriqués par des ingénieurs pédagogiques pour l'ensemble de la communauté enseignante (pour rappel, les enseignants n'ont en France qu'une formation très superficielle en pédagogie). On aurait ainsi un processus d'enseignement unique qui pourrait être progressivement amélioré en fonction des résultats obtenus par les élèves. Le processus pourrait bien sûr être adapté à des élèves en difficulté et consultable en ligne. On ferait économiser ainsi des dizaines de millions d'heures de travail chaque année aux enseignants et on aurait enfin un système d'enseignement performant. Bien sûr, le passage d'une logique artisanale où l'individu a le sentiment d'être le créateur de son travail à une logique industrielle où ce n'est plus l'individu qui prime mais le processus collectif génère des freins culturels importants dans la population enseignante. Pour autant, la société française aurait tout à y gagner.

proposées par les grands centres de soutien scolaire. Dans le domaine médical, nous n'en sommes qu'au début car les barrières légales sont nombreuses. Pourtant, on pourrait imaginer un médecin supervisant l'activité d'un robot réalisant plusieurs diagnostics sur plusieurs patients en même temps.

Les robots assureraient les mesures physiologiques : rythme cardiaque, pression artérielle, température corporelle etc. qui seraient ensuite analysées sous la supervision du médecin. Ces mesures pourraient d'ailleurs être réalisées à domicile et éviteraient à de nombreux patients de se déplacer pour de simples rhumes ou des affections bénignes. Cela permettrait de concentrer l'action du médecin sur les cas les plus graves et les plus complexes. La robotique médicale n'en est qu'à ses débuts, mais les possibilités sont grandes dans ce domaine.

IDx-DR

La FDA, l'agence du médicament américaine, a autorisé en 2018 la mise sur le marché d'un robot doté d'une intelligence artificielle. Ce robot réalise des diagnostics de la rétinopathie, une déficience visuelle causée par le diabète à partir d'une photographie. Trente millions d'Américains et 50% des patients diabétiques de type 2 en France sont victimes de cette maladie.

Le robot IDx-DR analyse les images de l'œil filmé par une caméra rétinienne. Pour cela, il envoie les photographies dans un espace de données en ligne (cloud). Une intelligence artificielle réalise le diagnostic. Soit elle détecte une rétinopathie diabétique et invite le patient à consulter un ophtalmologiste, soit le résultat est négatif et elle propose un nouveau contrôle un an plus tard.

MOINS UN EMPLOI COMPREND DE TÂCHES ET PLUS SA PROBABILITÉ D'AUTOMATION EST GRANDE.

Pour revenir au monde de l'entreprise, on peut ajouter au facteur *« Répétitivité »* le facteur *« Taille »*. En effet, les emplois sont en général plus variés et moins répétitifs dans les TPE que dans les grandes entreprises. Plus une entreprise emploie de salariés et plus elle peut adopter une organisation hyperspécialisée dans laquelle un seul employé ne réalise qu'un seul type de tâches. C'est donc dans les grandes entreprises que se situe le plus grand potentiel d'automation tandis que dans les TPE, il est beaucoup plus difficile d'automatiser les emplois.

2 EXEMPLES DE MÉTIERS RÉPÉTITIFS ET NON-RÉPÉTITIFS

MÉTIERS FAIBLEMENT RÉPÉTITIFS	MÉTIERS FORTEMENT RÉPÉTITIFS
Infirmière libérale	Hôte de caisse
Assistant(e) de direction	Hôte d'accueil

Dirigeant(e) d'entreprise	Enseignant(e) au collège ou au lycée
Enseignant(e) en école maternelle	Conducteur de train
Médecin urgentiste	Infirmière de laboratoire
Acteur(rice) de cinéma	Médecin radiologiste
Aide à domicile	Ouvrier sur chaîne de montage

Vous remarquerez que sur le seul critère de *« Répétitivité »*, on retrouve de nombreux métiers *Complexes.* Nous verrons au travers du développement des différents facteurs qui favorisent l'automation que, contrairement aux idées reçues, ce ne sont pas les métiers les moins qualifiés qui présentent le plus grand potentiel d'automation[51]. Ce qui va se produire avec l'automation au XXIème siècle est très différent de ce qui s'est produit lors de la Révolution industrielle du XIXème siècle et dans son prolongement au XXème siècle.

Par ailleurs, on constate qu'un même métier est plus ou moins répétitif en fonction de l'environnement dans lequel il s'exerce.

---

51 Toute idée reçue l'est parce qu'elle est séduisante. Il est séduisant de penser, notamment pour les élites, que les tâches dévolues aux robots sont les tâches les moins qualifiées et les plus inintéressantes. Les robots viendraient en quelque sorte s'occuper de ce que ne veulent pas faire les êtres humains. Or, la réalité est tout autre. Les robots viennent remplacer des emplois non qualifiés et pénibles, mais ils viennent aussi remplacer des emplois très qualifiés, très bien rémunérés et très appréciés par les êtres humains. C'est d'ailleurs ces métiers qui ont le plus grand potentiel d'automation car ce sont eux qui peuvent permettre de réduire le plus les coûts de production des biens et des services... Et donc qui permettront d'améliorer la productivité des entreprises et des États de façon conséquente.

Le métier d'infirmière est à ce propos particulièrement illustratif. Une infirmière libérale est amenée à réaliser un grand nombre d'actes différents, dans des environnements différents avec des patients différents alors qu'une infirmière de laboratoire réalisera un nombre d'actes beaucoup plus restreint pouvant se limiter parfois à un seul acte, à savoir les prises de sang en fonction de l'organisation choisie.

UN MÉTIER EST PLUS OU MOINS RÉPÉTITIF EN FONCTION DES CHOIX ORGANISATIONNELS OPÉRÉS PAR LES DÉCIDEURS.

Le fait que le nombre d'actes soit réduit augmente le niveau de « *Répétitivité* » du métier et donc des risques et opportunités d'automation. Cela amène les fabricants de robots à s'intéresser de près à ces activités, d'autant plus quand celles-ci sont réalisées par des personnes qualifiées dont le coût salarial est important. Il faut souvent trois critères pour déclencher la création et la mise sur le marché d'un robot : un métier répétitif, des salaires élevés et un nombre important de salariés concernés....

Veebot, le robot-vampire

Veebot, une start-up californienne, a mis au point un robot capable de réaliser des prises de sang et donc de remplacer les infirmières employées aujourd'hui pour les réaliser dans les laboratoires ou encore dans les hôpitaux.

Veebot a la forme d'un bras robotisé au bout duquel a été installée une caméra infrarouge munie d'un émetteur à ultrasons. Le patient s'installe et passe son bras dans un garrot. Il attrape une poignée afin de mettre son avant-bras en extension.

La caméra infrarouge filme alors l'avant-bras et un logiciel vient identifier l'emplacement des veines. Une fois que la veine la plus propice est identifiée, Veebot utilise un émetteur ultrason afin de confirmer que le flux sanguin est suffisant pour permettre un prélèvement.

Le robot utilise alors une visée laser pour aligner l'aiguille et l'insérer. L'ensemble de la procédure dure environ une minute. Le taux d'échec dans la collecte du sang de Veebot est comparable à celui d'un être humain.

On peut imaginer demain des laboratoires d'analyse médicale équipés de plusieurs Veebot réalisant des prises de sang à la chaîne, le tout supervisé par une infirmière ou un biologiste de la même manière qu'un seul caissier supervise le passage en caisse automatique de plusieurs clients.

3 LIMITES ET PROBLÉMATIQUES LIÉES AU FACTEUR « RÉPÉTITIVITÉ»

Il n'est pas toujours aisé de déterminer si un métier est répétitif ou non. De plus, la *« Répétitivité »* d'un métier dépend en grande partie de l'organisation du travail choisi.

Ainsi, et pour reprendre l'exemple des laboratoires d'analyse médicale, la direction peut choisir de ne faire réaliser qu'un seul acte aux infirmières, de les spécialiser au maximum ou au contraire de jouer la carte de la polyvalence et de les amener à réaliser des actes différents. On retrouve ce type de choix dans la plupart des organisations industrielles en fonction de leur taille.

Dans l'industrie automobile, le *Toyotisme,* une forme d'organisation du travail valorisant les équipes polyvalentes et très qualifiées, est venue concurrencer à partir des années 60 le *Taylorisme* qui misait au contraire sur des employés hyperspécialisés et peu qualifiés. Le *Toyotisme* misait sur la qualité, le *Taylorisme* sur la quantité... Le facteur *« Répétitivité »* relève donc d'un choix organisationnel et managérial. Il est probable que le choix d'automatiser les tâches ou de les faire réaliser par des humains feront partie des choix stratégiques du futur.

FAIRE RÉALISER DES TÂCHES PAR DES ÊTRES HUMAINS OU DES ROBOTS, TELLE SERA LA QUESTION CENTRALE POSÉE AUX MANAGERS DU XXIème SIÈCLE.

La *« Répétitivité »* pose un problème de taille car les employés qui ont un travail répétitif sont également ceux qui font le moins évoluer leurs compétences. Ce sont des experts dans leur domaine. Ils réalisent avec une grande dextérité un nombre restreint de gestes ou d'opérations intellectuelles. Lorsque survient un changement, comme une innovation technologique, l'expérience montre que ce sont ces salariés qui ont le plus de difficultés à s'adapter. L'hyperspécialisation les a rendus en quelque sorte inaptes au changement.

Les entreprises qui ont une organisation hyperspécialisée combinent les risques et les opportunités les plus fortes. D'un côté, ce sont elles qui peuvent le plus facilement automatiser leurs processus. D'un autre côté, ce sont elles qui ont les collaborateurs les moins aptes au changement. Les salariés hyperspécialisés sont ceux qui sont les moins aptes à acquérir de nouvelles qualifications dans un laps de temps court. Cela signifie que les emplois qui sont les plus facilement remplaçables par des robots sont aussi ceux qui produisent le plus de chômeurs de longue durée.

QUESTION ÉCONOMIQUE ET SOCIALE : COMMENT FINANCER LA FORMATION DES SALARIÉS REMPLACÉS PAR DES ROBOTS ?

Dans les organisations où les métiers sont très spécialisés et donc très répétitifs, l'automation représente un défi économique et social d'importance. Si l'on part du principe qu'il faut encourager les entreprises à automatiser les emplois les plus répétitifs, notamment ceux qui ont une faible valeur ajoutée, il faut en retour trouver des ressources financières pour financer la formation de ces personnels peu qualifiés et ce, afin de les rendre plus employables une fois leurs emplois détruits et remplacés par des robots.

L'OBJECTIF EST DE RÉDUIRE LE CHÔMAGE DE LONGUE DURÉE ET DE FAVORISER L'ACCÈS AU TRAVAIL DES PERSONNELS LES MOINS QUALIFIÉS.

En matière d'accident du travail, les entreprises qui présentent une fréquence et une gravité d'accidents élevées sont lourdement pénalisées par le relèvement de leurs cotisations sociales. Au contraire, les entreprises vertueuses qui mènent des politiques actives de prévention et présentent les taux d'accidents du travail les plus faibles et les moins graves bénéficient de taux de cotisations plus faibles. L'impact de ces cotisations sur les charges de l'entreprise est extrêmement fort. Ce sont donc des mesures très incitatives.

En matière de chômage, notamment de chômage de longue durée, il semble pertinent d'instaurer un système équivalent. Il s'agit non plus de mesurer la gravité et la fréquence des accidents du travail, mais la durée de la période de chômage faisant suite à un contrat de travail. Les entreprises vertueuses dont les salariés (ou les branches si l'on veut raisonner de façon globale) présentent les durées de chômage les plus courtes après une fin de CDI ou de CDD bénéficieraient d'un taux de cotisation réduit et inversement.

LES COTISATIONS SOCIALES SERAIENT INDEXÉES SUR LE RISQUE DE CHÔMAGE ET PLUS PRÉCISÉMENT LE RISQUE DE CHÔMAGE DE LONGUE DURÉE.

Il a été évoqué récemment la mise en place d'un bonus-malus pour les entreprises qui emploient des CDD. Ce mode de calcul ne me semble pas pertinent car il ne dit rien de l'effort de formation consenti par l'entreprise et donc de l'employabilité des personnes ayant appartenu à ses effectifs. D'un point de vue social, il vaut mieux une entreprise qui emploie un grand nombre de CDD mais forme bien ses salariés plutôt qu'une entreprise qui recourt aux CDI mais laisse ses personnels sans formation pendant des années.

Cela inciterait les entreprises (et les branches professionnelles) à mieux prendre en considération l'employabilité des salariés et donc à adopter des politiques de formation. Cela favoriserait le recours à des organisations du travail moins spécialisées. Les ressources financières collectées viendraient en retour financer des actions de formation ciblées, destinées à ces publics cibles dits « à risque ». En cas de plan social, de licenciement ou de désir de reconversion, il y aurait là les ressources pour accompagner les transitions professionnelles.

LA FORMATION EST AU CHÔMAGE CE QUE LE MÉDICAMENT EST À LA MALADIE.

Les entreprises ont tout intérêt à voir ce type de systèmes se mettre en place si elles ne veulent pas se trouver face à une pénurie de compétences dans les années à venir. L'automation ne veut pas dire qu'elles n'auront plus besoin d'employés mais seulement qu'elles auront besoin de moins d'employés mais beaucoup plus qualifiés. Par ailleurs, une entreprise qui automatise se crée des opportunités de développement, ce qui peut la conduire *in fine* à augmenter ses effectifs sur le long terme. À nouveau se pose la question des compétences disponibles.

QUESTION PHILOSOPHIQUE :

LES ROBOTS SONT-ILS TOUJOURS MEILLEURS QUE LES ÊTRES HUMAINS ?

Les robots travaillent 24h/24h, 365 jours/an. Ils sont infatigables et quand ils sont bien conçus, quasiment inusables. Ils peuvent affronter des températures élevées ou glaciales. Ils peuvent respirer des produits chimiques et répéter inlassablement les mêmes gestes durant toute leur vie sans jamais tomber malades du cancer ou souffrir de troubles musculosquelettiques (TMS). Les robots sont toujours motivés, engagés et ils travaillent avec une stabilité et une marge d'erreur très inférieure à celle des êtres humains.

Pourtant, dans certains métiers, il est possible qu'ils fassent beaucoup moins bien que les êtres humains. Je dis possible, car à ce jour, je manque d'études scientifiques suffisantes pour infirmer ou confirmer cette hypothèse. Là où ils sont susceptibles de faire moins bien, ce sont tous les métiers où un « lien » est nécessaire, où la relation humaine a son importance. Il est possible que certains métiers restent hors de portée des robots, car ils ne sont pas capables (ou pas encore) de créer ce « lien ».

LES ROBOTS SONT TOUJOURS MOTIVÉS, ENGAGÉS ET ILS TRAVAILLENT AVEC UNE STABILITÉ ET UNE MARGE D'ERREUR TRÈS INFÉRIEURE À CELLE DES ÊTRES HUMAINS.

Tout le monde connaît l'effet *placebo*. L'effet *placebo* est un procédé thérapeutique n'ayant pas d'efficacité propre mais agissant, lorsque le patient pense recevoir un traitement actif, par des mécanismes psychologiques. En d'autres termes, le médicament fait effet parce que le patient croit qu'il va faire effet et parce qu'il fait confiance au médecin qui lui a prescrit. À l'inverse, si le médecin suggère à son patient qu'un médicament peut le rendre malade, celui-ci éprouvera des effets désagréables, ce qu'on appelle l'effet *nocebo*.

L'effet *placebo* est le résultat d'un processus complexe qui fait que le fonctionnement psychobiologique des êtres humains peut être influencé par des « projections extérieures ». Un autre effet similaire, ayant fait l'objet de très nombreuses validations scientifiques, est l'effet *Pygmalion*[52]. Cet effet se produit lorsqu'un professeur ou un manager a une attente positive vis-à-vis de ses élèves ou de ses collaborateurs. Les élèves ou les collaborateurs concernés ont alors tendance à répondre à ses attentes positives en améliorant leurs comportements.

---

[52] L'inverse de l'effet *Pygmalion* est appelé effet *Golem*. Dans ce cas, les attentes négatives du professeur ou du manager se traduisent par l'adoption par l'élève ou le salarié de comportements négatifs.

L'EFFET PLACEBO ET L'EFFET PYGMALION SONT CAPABLES DE MODIFIER L'ÉTAT PSYCHOPHYSIOLOGIQUE D'UN ÊTRE HUMAIN.

Ces deux effets suggèrent que le « lien projectif[53] », qui relie deux êtres humains, a un effet sur leurs comportements et leur physiologie et donc sur leurs niveaux d'efficience et de performance. Médecine, psychologie, éducation, management, dans tous ces domaines, il semble que le fait qu'un être humain intervienne puisse provoquer des effets bénéfiques sur le résultat final. À ce jour, rien ne démontre qu'un robot ne soit pas capable de générer le même type d'effets. Mais dans l'incertitude, ces éléments plaident en faveur des êtres humains.

Ce raisonnement nous amène à établir une distinction parmi les professionnels des différents métiers précités (professeur, médecin, éducateur, manager etc.). Parmi ces professionnels, il y aurait ceux qui parviennent à manipuler ce « lien projectif » de façon à obtenir des résultats positifs et ceux qui ne parviendraient pas à le manipuler, n'obtenant pas de résultats ou pire, des résultats négatifs[54]. Les professionnels des métiers où

---

[53] Ce mécanisme est le même que celui à l'œuvre dans la thérapie psychanalytique de Freud.

[54] L'expérience montre que certains médecins, professeurs, éducateurs, ou managers dégradent les comportements et l'état des personnes dont ils ont la charge plus qu'ils ne les améliorent…

la relation humaine est déterminante pourraient être classés selon leur niveau de compétences en la matière.

DANS LES MÉTIERS DE RELATIONS HUMAINES, LE NIVEAU D'INTELLIGENCE ÉMOTIONNELLE EST CE QUI DISTINGUE LES BONS PROFESSIONNELS DES MAUVAIS.

Une hypothèse se dégage. Si l'on part du principe qu'il existe des compétences relationnelles *(soft skills)* qui permettent d'améliorer l'efficience et la performance de certains processus comme le traitement des maladies, l'enseignement, l'éducation ou le management, il est possible que seuls les médecins, les enseignants, les éducateurs et les managers qui possèdent ces compétences survivent à la révolution des robots. Car seule cette compétence restera inaccessible aux robots, et ce, pour longtemps.

Les autres professionnels, excellents techniciens mais dépourvus des qualités relationnelles requises, n'auront plus aucune valeur ajoutée face aux robots. En effet, sur le plan technique, les robots ont des capacités bien supérieures aux êtres humains. Un robot peut en savoir plus sur la médecine, les mathématiques ou le droit qu'un être humain. En revanche, sa capacité à accompagner, à stimuler, à motiver un autre être humain est aujourd'hui quasi nulle. C'est là que les êtres humains peuvent encore faire la différence…

SEULS LES PROFESSIONNELS AYANT UN NIVEAU ÉLEVÉ D'INTELLIGENCE ÉMOTIONNELLE RESTERONT COMPÉTITIFS FACE AUX ROBOTS.

Cela veut dire que les personnes et les organismes en charge de former ces professionnels (université, école, centre de formation) devraient dès aujourd'hui se concentrer sur l'apprentissage des compétences relationnelles et émotionnelles *(soft skills)* au détriment des connaissances techniques. Car les connaissances techniques, déjà disponibles sur Internet, seront bientôt manipulées par des intelligences artificielles capables d'en faire un usage supérieur à ce dont est capable un être humain, qu'il soit médecin, enseignant, éducateur ou manager.

Or aujourd'hui, rien n'a changé dans la formation de ces professionnels. On demande même aux enseignants du primaire d'avoir un BAC+5 dans une matière spécifique ou dans un parcours généraliste alors que c'est un BAC+5 en pédagogie et en didactique que devraient posséder tous les enseignants et non un certain niveau dans leur matière. J'ai personnellement enseigné pendant près de sept ans à l'université dans les plus grandes écoles françaises sans avoir jamais reçu le moindre enseignement en pédagogie ou en didactique... Ce qui n'est pas efficient…

LA PLUPART DES ENSEIGNANTS QUEL QUE SOIT LEUR NIVEAU N'ONT PAS REÇU DE FORMATION À LA PÉDAGOGIE ET À LA DIDACTIQUE.

Les cours de médecine se concentrent eux aussi sur l'apprentissage technique au détriment de la relation humaine et ce, alors que certains patients en connaissent plus que les médecins sur de nombreuses maladies, et ce, simplement parce qu'ils ont accès aux mêmes articles scientifiques et qu'ils disposent contrairement à eux, du temps pour en prendre connaissance. Un médecin ne doit pas être un savant mais plutôt un accompagnateur qui amène un patient vers la guérison par différents moyens (médicaments, changements de comportements ou de représentations, etc.).

QUESTION N°2 : CET EMPLOI EST-IL COMPLEXE?

Le facteur *« Complexité »* correspond au niveau de compétences nécessaires pour effectuer les tâches d'un travail. Plus un travail nécessite un niveau élevé de compétences et plus il est difficile de l'automatiser. Malgré les progrès techniques, la réalisation de nombreuses tâches reste hors de portée des robots. C'est notamment vrai lorsqu'il faut réaliser plusieurs opérations mentales ou physiques en même temps comme rédiger un e-mail tout en parlant au téléphone tel que le fait, par exemple, un assistant de direction.

1 COMMENT DÉFINIR PRÉCISÉMENT LE FACTEUR « COMPLEXITÉ » ?

Les métiers complexes sont le plus souvent des métiers qui nécessitent une qualification élevée, soit parce qu'il est effectivement nécessaire de disposer d'un niveau d'expertise élevé dans un domaine donné pour réaliser cette tâche (*« complexité » dite de compétences*), soit parce que la loi impose de disposer d'un niveau d'expertise élevé dans un domaine donné pour réaliser la tâche (*« complexité » dite réglementaire*). Dans les deux cas, l'emploi nécessite de disposer d'un certain niveau de diplôme ou d'un titre pour réaliser les tâches concernées.

Le notaire et le chercheur

Les métiers de notaire et de chercheur sont deux métiers complexes. Le premier est un métier complexe parce que la loi impose de disposer d'un titre de notaire pour réaliser les actes courants du métier de notaire comme rédiger un contrat de mariage ou un acte de cession immobilière. L'État français a considéré qu'une durée minimale de sept années dont cinq ans d'études et deux années de stage en office était nécessaire pour obtenir le titre et exercer la profession. Le métier est donc d'abord un métier de « complexité » dite réglementaire.

Cette « complexité » dite réglementaire est associée à une « complexité » de compétences. La « complexité » du métier de notaire tient à la nécessité de se tenir informé des différentes jurisprudences, de rédiger des actes qui respectent la loi et protègent au mieux les intérêts de ses clients et de collecter de façon fiable les impôts et les taxes pour le compte de l'État. Le notaire a à composer avec une « complexité » administrative et réglementaire grandissante. Un bon notaire compose avec cette « complexité » sans commettre d'erreurs sur le plan légal ou pécunier.

Le métier de chercheur est moins réglementé que le métier de notaire. Pour les carrières dans le secteur privé, on peut faire de la recherche scientifique avec un diplôme d'ingénieur (cinq ans d'études) ou avec un diplôme de doctorat au sein d'une Université (huit ans d'études). Dans l'absolu, on peut même faire de la recherche et inventer de nouvelles technologies sans avoir fait d'études. Steve Jobs, l'inventeur de l'ordinateur personnel et de l'iPhone, n'avait aucun diplôme… Son travail n'en était pas moins extrêmement complexe.

Pour faire de la recherche scientifique, il faut être en capacité de lire et de comprendre des articles scientifiques souvent abscons, de les analyser pour en inférer des hypothèses scientifiques, et mettre en place des expériences pour les confirmer ou les infirmer. Enfin, il faut être capable de présenter les résultats de ses recherches sous forme écrite dans le cadre d'articles rédigés en respectant les normes scientifiques (articles souvent écrits en anglais) avant leur parution dans des revues internationales ou à l'orale dans des colloques.

Les métiers complexes ont connu des évolutions liées au numérique depuis les années 2000. Les notaires ont automatisé par le biais de logiciels informatiques toutes les activités de signature des actes authentiques, ce qui a considérablement facilité le travail d'archivage des données. Si l'automation a permis de faire des gains de productivité, elle s'est développée parallèlement à une augmentation sans précédent des lois et des règlements en matière de vente immobilière, rendant le travail administratif beaucoup plus complexe. Match nul.

Les métiers de la recherche ont connu une évolution semblable. Le numérique a à la fois énormément simplifié le métier en même temps qu'il l'a rendu beaucoup plus complexe. Ce qui a été simplifié, c'est l'accès à l'information via des plates-formes recensant l'ensemble des articles scientifiques et des thèses internationales. Ce qui est devenu extrêmement complexe, c'est de pouvoir traiter ces masses énormes d'informations le plus souvent rédigées en anglais pour construire et entreprendre de nouvelles recherches.

L'AUTOMATISATION SIMPLIFIE CERTAINS MÉTIERS ET EN REND D'AUTRES PLUS COMPLEXES.

À l'inverse, certains métiers complexes comme le métier d'avocat se sont énormément simplifiés. Le droit du travail avec la barémisation des indemnités prud'homales et le droit de la famille avec les lois sur le divorce ont été simplifiés. L'automation a dans ce cas détruit des emplois et réduit l'activité de certains avocats de façon importante. On trouve aujourd'hui des solutions en ligne pour divorcer à l'amiable à 600 euros alors qu'un avocat traditionnel facture pour la même opération près de 3000 euros… Robot : 1 - Avocat : 0.

Le cas des avocats nous amène à interroger la notion de « complexité » dite réglementaire. Il est ainsi possible qu'à l'avenir certaines professions, autrefois complexes et donc protégées légitimement par un diplôme, se simplifient. Le frein à l'automation sera alors seulement artificiel car lié à un règlement et non à une « complexité » réelle. Aujourd'hui, les pharmaciens me semblent concernés par cette situation dans le sens où la « complexité » de leur métier a été transférée en grande partie aux laboratoires pharmaceutiques.

Ross, le robot-avocat

Fondé en 1916, le cabinet BakerHostetler vient d'engager Ross, son premier robot-avocat. Il s'agit d'une intelligence artificielle destinée à travailler sur les faillites d'entreprises. Ross va travailler au service des autres avocats du cabinet en analysant des centaines de dossiers et d'articles sur des cas de litiges similaires. Il s'agit donc d'un robot destiné à synthétiser des masses colossales de données pour simplifier le travail des avocats humains. Ross a été développé grâce à Watson, le superordinateur d'IBM, qui est notamment employé dans le domaine médical et a gagné le célèbre jeu américain Jeopardy.

3 EXEMPLES DE MÉTIERS « SIMPLES » ET « COMPLEXES »

MÉTIERS SIMPLES	MÉTIERS COMPLEXES
Peintre en bâtiment	Médecin généraliste
Chauffeur de taxi	Pilote d'avion de chasse

Opérateur(ice) de saisie	**Écrivain**
Vendeur(se) en boutique	**Chercheur**
Agent de nettoyage	**Notaire**
Préparateur(ice) de commandes	**Expert-comptable**
Agent de sécurité	**Commissaire de police**

On peut constater qu'inévitablement, lorsque l'on oppose les métiers sur le facteur *« Complexité »*, on oppose les métiers sur le niveau de diplôme requis pour y accéder. Le niveau de diplôme est généralement un bon indicateur du niveau de « complexité » d'un métier. Mais attention, car le numérique fait évoluer extrêmement rapidement le niveau de « complexité » des métiers. Certains métiers deviennent plus complexes tandis que d'autres se simplifient à grande vitesse car une partie des tâches est déléguée à des robots.

3 LIMITES ET PROBLÉMATIQUES LIÉES AU FACTEUR « COMPLEXITÉ »

Les limites du facteur *« Complexité »* tiennent en une phrase : toute tâche complexe peut par nature être simplifiée. En d'autres termes, un métier complexe est souvent un métier qui n'a pas encore fait l'objet d'une tentative de simplification. Avant que Taylor puis Ford ne s'intéressent au secteur automobile, ce secteur était très artisanal. Le métier d'ouvrier pouvait paraître complexe. C'est alors que sont apparus les agents des méthodes chargés de décomposer chaque métier complexe en tâches simples pour le rationaliser, donnant ainsi naissance à l'industrie automobile.

1024

L'Université de Harvard vient de développer une armée de petits robots. Pris individuellement, ces robots sont maladroits et leur intelligence est limitée. Mais ces robots ont la capacité de communiquer entre eux et de s'assembler pour réaliser des tâches complexes comme par exemple représenter une étoile ou la lettre K. Les 1024 mini-robots créés à l'Université d'Harvard démontrent comment un grand nombre de robots très simples peuvent réaliser une tâche complexe grâce à un comportement coopératif.

TOUTE TÂCHE PEUT PAR NATURE ÊTRE SIMPLIFIÉE.

Pour reprendre les deux exemples donnés au début de ce chapitre à propos des notaires et des chercheurs, il apparaît que l'on n'a pas cherché à simplifier ces deux métiers. Les offices notariaux sont des TPE artisanales tandis que les enseignants-chercheurs travaillent souvent de façon isolée. Or, en industrialisant ces deux activités (ce qui nécessiterait une augmentation de la taille des offices notariaux et des laboratoires de recherche) on pourrait augmenter la productivité de façon très significative et permettre une automatisation partielle de ces activités.

Pour automatiser des tâches complexes, une autre voie possible est de faire appel à des robots à l'action coordonnée. Dans l'exemple des robots de Harvard, chaque robot réalise des tâches simples mais l'addition de leurs actions permet la réalisation de tâches complexes. Les innovations technologiques sont en train de se développer à une telle vitesse que ce qui nous semble complexe aujourd'hui ne le sera plus demain pour les robots. Cela concerne des tâches d'apparence complexes sur le plan intellectuel ou manuel.

Le robot de Disney

Disney présente un nouveau projet pour rendre ses animations plus réalistes : un robot-cascadeur. Ce robot humanoïde exécute des figures de voltige, des saltos et autres acrobaties avec énormément de réalisme.

Il permet de rendre plus réalistes et moins saccadés les mouvements des personnages. Il est capable de mimer parfaitement un humain mais aussi de corriger sa gestuelle en vol en se mettant, par exemple, en boule.

Le robot de Disney est en fait un robot capable de remplacer des cascadeurs, métier éminemment complexe, sur les tournages. Le recours à des robots permet d'accélérer les temps de tournage tout en réduisant les risques inhérents aux scènes tournées avec des cascadeurs.

QUESTION N°3 : CET EMPLOI EST-IL PÉNIBLE ?

Le facteur « *Pénibilité* » correspond à la dureté physique ou psychologique d'un travail. Plus un travail est pénible et plus son risque d'automation est élevé. Les employeurs cherchent à réduire les risques d'accident et de maladies professionnelles. Par ailleurs, les emplois réputés difficiles physiquement ou psychologiquement ont tendance à souffrir d'une pénurie de main d'œuvre. Cette pénurie augmente donc les coûts indirects de recrutement et incitent les décideurs à rechercher des solutions alternatives pour réaliser les tâches pénibles.

1 COMMENT DÉFINIR PRÉCISÉMENT LE FACTEUR « PÉNIBILITÉ » ?

La « *Pénibilité* » est une notion extrêmement complexe à définir[55]. Elle implique des facteurs objectivables et mesurables comme l'exposition aux bruits, aux polluants,

[55] La pénibilité au travail se définit sur le plan légal comme une exposition du travailleur à un ou plusieurs facteurs de risques professionnels liés à des contraintes physiques marquées, un environnement physique agressif, ou encore certains rythmes de travail. Dix facteurs de risque sont alors réglementairement définis dans le Code du travail *(Source : INRS)*.

aux températures élevées ou basses ou encore à des dangers physiques réels etc. Elle implique également des facteurs plus complexes de nature psychologique et liés à la perception qu'en ont les individus comme par exemple le niveau de stress. Une notion a fait son apparition récemment pour désigner cette pénibilité psychologique qui concerne de plus en plus de métiers : la charge mentale.

Par ailleurs, les êtres humains sont très différents sur les plans physique et psychologique. Ils ont des aptitudes et des préférences qui leur sont propres. Un métier pénible pour une personne ne le sera pas forcément pour une autre personne. La pénibilité peut également varier en fonction de l'âge ou du sexe. Soulever des charges lourdes peut être stimulant à vingt ans et devenir très pénible à quarante car les capacités de la personne sont différentes[56]. Cette grande hétérogénéité interindividuelle rend l'évaluation de la *« Pénibilité »* d'un métier particulièrement difficile.

---

[56] Dans mes expériences professionnelles, j'ai eu l'occasion d'exercer le métier de *ripper*. Je me levais chaque matin à 4h. Je montais derrière le camion-benne et je ramassais pendant 7h des poubelles. Pour beaucoup de gens, le travail d'éboueur est un métier pénible. Pourtant, j'ai beaucoup aimé exercer ce métier et je l'ai trouvé beaucoup moins pénible que de m'occuper d'enfants en tant qu'animateur de centre aéré ou de faire des opérations de saisie pour une grande compagnie d'assurances. À l'époque, j'aimais faire du sport. Pour moi, ce métier, c'était comme faire du sport. Ce cas personnel illustre en quoi La *Pénibilité* est une notion relative, même si elle renferme bien sûr une dimension objective.

La traite des vaches

L'agriculture est bien sûr concernée par la robotisation. Elle concentre à elle seule un grand nombre de tâches réputées pénibles. Parmi ces activités, on retrouve la traite des vaches qui est une activité particulièrement contraignante puisqu'il faut réaliser cette opération chaque matin et chaque soir, et ce, sept jours sur sept.

Des ingénieurs se sont donc confrontés au problème jusqu'à inventer le robot de traite. Le robot de traite est constitué d'un box dans lequel les vaches se rendent elles-mêmes pour y être traites. La vache est devenue elle-même utilisatrice du robot qui la soulage lorsqu'elle est pleine. Le robot surprend à nouveau par sa forme et son mode de fonctionnement.

L'agriculteur change de métier. Il devient un contrôleur de gestion qui surveille ses tableaux de bord de production créés par le logiciel de robot de traite plus qu'il ne manipule l'animal. La production de lait devient un processus automatique durant lequel l'intervention humaine se réduit. La productivité s'en trouve accrue.

Dans le facteur «*Pénibilité*», on inclut également la dangerosité d'un métier. Les métiers dangereux sont des métiers que les décideurs cherchent généralement à automatiser. Le maintien de l'ordre, la sécurité, la guerre dont nous avons déjà parlé, font partie de ces activités à risque. Précédemment, nous avons évoqué le cas des cascadeurs. Les studios Disney cherchent à automatiser ce métier pour accélérer la vitesse de tournage des films tout en réduisant les risques. Tout métier dangereux pour la santé a vocation à être automatisé.

Le robot-policier

À Dubaï, les forces de police viennent d'accueillir le tout premier robot humanoïde qui sera déployé dans les centres commerciaux et les parcs d'attraction. Parlant neuf langues, il pourra converser avec les humains et leur permettre de signaler un délit ou de payer leurs contraventions.

Actuellement, les robots de surveillance connaissent un succès grandissant. Ces petits robots équipés de caméras patrouillent autour des entrepôts et sont capables de lancer l'alerte en cas d'intrusion. Ce sont des équipes de sécurité humaines qui interviennent alors.

2 QUELS SONT LES MÉTIERS PÉNIBLES AUJOURD'HUI ?

MÉTIERS PEU PÉNIBLES	MÉTIERS PÉNIBLES
Guichetier(ère) en banque	Manutentionnaire
Designer	Peintre en bâtiment

Professeur d'université	Maçon
Conseiller(e) en gestion de patrimoine	Opérateur(ice) de saisie
Photographe	Cuisinier(e)
Psychologue	Chauffeur routier
Ostéopathe	Aide-soignant(e)

Dans la catégorie des métiers pénibles, on retrouve tous les métiers confrontant les hommes à des environnements hostiles. Travailler dans le froid, la chaleur ou l'humidité, travailler en horaires décalés ou avec des déplacements fréquents, mais aussi travailler dans des milieux dangereux à cause de substances chimiques (industrie, bâtiments etc.), de la hauteur ou de l'exposition à des dangers comme dans la police, la gendarmerie ou l'armée. Tous ces métiers sont par nature pénibles physiquement, mais aussi psychologiquement.

Si on veut élargir la liste des métiers dits « pénibles », on peut aussi retenir ceux dont la charge mentale est particulièrement importante : aide-soignant, infirmière, hotlineur, agent de sécurité etc. Le paradoxe dans ce domaine est que l'automation participe à augmenter la charge mentale. Les humains qui travaillent avec des robots doivent être capables de penser aussi vite qu'eux. Or, les capacités d'un cerveau humain et son mode de fonctionnement ne sont pas forcément équivalents à ceux d'un robot, ce qui se traduit par un stress accru.

③ LES LIMITES DU FACTEUR « PÉNIBILITÉ »

Le facteur *« Pénibilité »* dépend de plusieurs sous-facteurs importants. La pénibilité est objective dans certains cas, comme lorsque les individus sont confrontés à des substances chimiques mais elle peut aussi relever de facteurs plus perceptifs qui sont liés aux aptitudes et au fonctionnement naturel des êtres humains. Certains salariés trouvent pénibles de travailler dans un *open space* alors que d'autres s'y adaptent sans problème. Tout dépend de la personnalité des individus et donc de leur capacité d'adaptation à certains environnements.

Par ailleurs, la pénibilité peut être plus facilement acceptée si elle est compensée par une rémunération attractive. Un métier de peintre en bâtiment est pénible mais l'est-il réellement plus que le métier de dirigeant d'entreprise ? La différence tient au niveau de rémunération et à « l'espérance professionnelle[57] » qui sont associés aux deux métiers. Dans le premier cas, les possibilités d'évolution de carrière sont faibles, dans le second elles sont fortes avec un statut valorisé socialement. Cela peut conduire les êtres humains à accepter un métier plus pénible.

---

57 Par « espérance professionnelle », j'entends les possibilités d'évolution perçues par la personne quant à l'amélioration de sa situation professionnelle (progression de sa rémunération, amélioration de son statut social, diminution de la pénibilité etc.). Dans le cas du métier de dirigeant, le dirigeant peut espérer développer son entreprise et donc augmenter sa rémunération, son statut et, en embauchant plus de collaborateurs, réduire les charges mentale et physique, qui pèsent sur lui.

Cela explique que ce sont des métiers qui cumulent une pénibilité importante et une « espérance professionnelle » faible qui présentent les risques d'automation les plus élevés. Ces métiers sont par nature moins attractifs. Par ailleurs, ils engendrent à long terme pour les salariés des maladies professionnelles et des accidents de travail qui perturbent les organisations et génèrent des coûts indirects pour les entreprises et la société, en plus de leurs effets néfastes sur la vie des individus. La tentation de l'automation est donc forte pour ces métiers.

PÉNIBILITÉ + ESPÉRANCE PROFESSIONNELLE FAIBLE = RISQUE D'AUTOMATION ÉLEVÉ.

Reste que ces métiers sont souvent accessibles à des personnes peu qualifiées. On se retrouve à nouveau devant un paradoxe. En supprimant ces métiers grâce à l'automation, on favorise le bien-être des salariés et l'efficacité économique et sociale. Mais en même temps, on prive d'un accès possible à un travail de nombreux salariés dont le niveau de qualification est trop faible pour accéder à un autre type de travail. On augmente donc le contingent des personnes sans emploi et on participe à une forme de désintégration sociale[58].

[58] La « désintégration sociale » est un phénomène d'exclusion progressive d'une partie de la population d'une nation ne répondant plus à certaines caractéristiques socio-économiques. Dans les sociétés industrialisées, entre 30 et 60 ans, les individus doivent avoir un travail pour s'intégrer. L'automation réduit les possibilités même de cette intégration pour les populations les moins qualifiées, créant ainsi un phénomène de désintégration sociale.

QUESTION PHILOSOPHIQUE : LES ROBOTS RENDENT-ILS LE TRAVAIL DES HUMAINS MOINS PÉNIBLE ?

C'est le scénario idéal : des robots qui viennent en aide aux humains pour leur faciliter la vie. Dans cette situation, employeurs et employés avancent main dans la main sur le chemin de l'automation. Le problème de ce scénario est qu'il ne correspond pas à la réalité. Car si l'automation rend le travail des êtres humains plus facile, dans un grand nombre de cas aussi, il rend le travail des êtres humains plus pénible. L'un des cas les plus illustratifs est celui des robots-managers utilisés sur certaines plateformes logistiques.

Le robot-manager est un logiciel informatique qui organise la préparation des commandes. La machine dicte aux manutentionnaires l'allée de l'entrepôt où ils doivent se rendre pour récupérer la marchandise, puis le nombre de colis qu'ils ont à emporter. Une fois les commandes prises, les employés répondent « OK » et la machine leur donne une autre commande à traiter. Les employés n'ont le droit de prononcer que 47 mots, ceux compris par la machine. Les employés sont littéralement devenus des robots dirigés par un robot.

DANS CERTAINES ENTREPRISES, CE SONT LES ROBOTS QUI COMMANDENT LES EMPLOYÉS ET NON L'INVERSE.

Il s'agit d'une dérive de l'automation. Au lieu de faire progresser les salariés, on les fait régresser sans améliorer la productivité à long terme. Au contraire, car à ce rythme, les salariés vont rapidement être en arrêt de travail et développer des maladies professionnelles comme des troubles musculosquelettiques (TMS). Le pire est « l'appauvrissement intellectuel » que subissent ces salariés. Cet appauvrissement sera demain leur plus grand frein à emploi. En faisant cela, on crée en fait des chômeurs de longue durée[59].

Le scénario est simple. Après dix ans de manutention à une cadence infernale, le salarié tombe en arrêt de travail. Il est obligé de subir une opération chirurgicale pour tenter de réparer les ligaments abîmés. Cette opération le rend inapte au travail de manutention.

---

[59] Je pense que de tels postes, s'ils peuvent continuer à exister, devraient être limités obligatoirement dans le temps. On ne devrait pas pouvoir offrir de CDI sur ce type de poste et limiter l'activité professionnelle à des durées de 12 à 24 mois maximum. Il faudrait également travailler les offres de formation et de reconversion professionnelle pour ces personnes pour leur permettre à terme d'acquérir une véritable qualification.

Au bout de quelques mois, l'entreprise, qui ne peut lui proposer une solution de reclassement sur un autre poste, licencie le salarié pour inaptitude. Celui-ci se retrouve alors sur le marché de l'emploi. Mais il ne sait rien faire d'autre que de la manutention.

L'AUTOMATION PEUT INTENSIFIER LE TRAVAIL DES ÊTRES HUMAINS AU POINT DE DÉGRADER LEUR « SANTÉ PHYSIQUE ET MENTALE. »

En 10 ans, il n'a acquis aucune compétence nouvelle, se contentant de répondre bêtement aux ordres d'un robot. Cette absence de stimulation cognitive durant ses heures de travail a réduit sa plasticité cérébrale. Dit autrement, il a peu de capacités à apprendre ce qui fait qu'il est difficile pour lui de suivre une formation trop complexe. Les seuls emplois qu'il pourrait occuper du fait de son « handicap » sont de fait trop complexes. Le voilà qui décroche et s'enlise dans le marécage du chômage de longue durée.

Certaines sociétés de VTC fonctionnent exactement de la même façon. Les chauffeurs obéissent à une application qui leur indique le lieu où ils doivent se rendre et le chemin qu'ils ont à prendre. Le chauffeur ne réalise plus aucune opération intellectuelle. Il n'a plus à connaître les rues ou à réfléchir à l'itinéraire. Il n'a qu'à conduire en respectant les indications du robot… Si de telles applications ont le mérite de créer des emplois, elles créent en fait des emplois de court terme qui ne développent ni l'individu, ni la société.

LE RECOURS AU CDI N'EST PAS APPROPRIÉ SUR CE TYPE DE POSTE. IL EST MÊME DANGEREUX POUR LE SALARIÉ ET POUR LA SOCIÉTÉ.

Les hommes et les femmes politiques ont à apporter des réponses concrètes à ces situations. Pourquoi ne pas créer des « CDD TREMPLINS » pour ce type de poste sans perspective mais malgré tout utile à certaines entreprises ? Ces contrats d'une durée de trois ans maximum déboucheraient sur un bilan de compétences et la possibilité de suivre une formation professionnalisante. Le recours au CDI n'est pas approprié sur ce type de poste. Il est même dangereux pour le salarié et pour la société[60] car il produit des maladies professionnelles et du chômage de longue durée.

---

[60] Le CDI est une fausse réponse à la précarité. Ce qui augmente la précarité, ce sont des emplois où l'on ne se forme pas et qui ne préservent pas la santé.

QUESTION N°4 : CET EMPLOI EST-IL ATTRACTIF?

Le facteur *« Attractivité »* correspond à l'attrait des salariés pour un certain type d'emploi. Plus un métier est attractif, plus la main d'œuvre disponible pour l'exécuter est nombreuse. *« L'Attractivité »* d'un emploi a donc tendance à faire diminuer les coûts directs et indirects de la main d'œuvre. Elle réduit donc d'autant sa probabilité d'automation. En effet, un décideur qui ne rencontre aucune difficulté à recruter des collaborateurs efficients et performants sur un métier donné a peu de chances de chercher à l'automatiser. L'inverse est également vrai.

1 COMMENT DÉFINIR PRÉCISÉMENT LE FACTEUR « ATTRACTIVITÉ » ?

Le facteur *« Attractivité »* dépend d'une multitude de variables. Ces variables sont de natures objectives (un emploi est mieux rémunéré et avec un nombre d'heures travaillées inférieur aux autres métiers) ou subjectives (les salariés ont le sentiment que cet emploi est mieux rémunéré et que le nombre d'heures travaillées est inférieur aux autres métiers). Cette subjectivité rend ce facteur particulièrement complexe à appréhender. Voici une liste non exhaustive de variables qui peuvent faire fluctuer le niveau d'*Attractivité* d'un métier :

- La nature des activités réalisées, le sens donné à ce travail, les valeurs qui leur sont rattachées,
- Les conditions de travail (pénibilité, horaires, temps de travail, environnement, ambiance, culture…),
- Le niveau de rémunération,
- Les perspectives de carrière et l'employabilité, « l'espérance professionnelle »,
- La notoriété, l'image et la réputation du métier et/ou de l'entreprise,
- Le statut social associé à la fonction, son niveau de « prestige ».

Les individus réalisent une forme de calcul en partie rationnelle et en partie irrationnelle qui les amène à être plus ou moins attirés par un métier. L'attirance pour un métier conduit à une attirance pour les études et les formations qui permettent d'obtenir les qualifications nécessaires pour exercer ce métier. C'est aussi *« l'Attractivité »* du métier qui fait qu'un salarié acceptera des conditions de travail plus pénibles, qu'il acceptera de se déplacer ou de recevoir un niveau de rémunération moindre.

« L'Attractivité » d'un métier est également liée aux populations concernées par cette *« Attractivité »*. En effet, un métier peut être très attractif mais attirer des populations qui ne sont pas en capacité d'exercer ce métier pour des raisons de qualification ou d'éloignement géographique par exemple. *« L'Attractivité »* doit donc être reliée à un second facteur *« l'Accessibilité »* qui fait qu'il est plus ou moins facile d'accéder à ce métier et de l'exercer. Il ne suffit donc

pas à un métier d'être *« Attractif »*, il faut aussi qu'il soit *« Accessible »*.

Enfin dernière condition, il faut aussi que ce métier soit connu des salariés. Certains métiers, parce qu'ils sont nouveaux, ne sont pas connus du grand public. Ils ne peuvent donc pas être attractifs pour la simple et bonne raison qu'ils ne sont pas connus. Cela peut sembler évident, mais un métier qui n'a pas fait l'objet d'une communication active pour en faire la « promotion » risque de ne pas être attractif et donc de ne pas générer d'afflux de candidats, ce qui peut ensuite poser d'importants problèmes de recrutement.

MOINS UN EMPLOI EST ATTRACTIF ET PLUS SES RISQUES D'AUTOMATION SONT FORTS.

En matière d'automation, moins un emploi est attractif et plus ses chances d'être automatisées sont fortes. En effet, un emploi peu attractif génère des coûts indirects de recrutement. Par ailleurs, les entreprises, faute de personnels qualifiés, ne peuvent poursuivre leur développement. Dans ce cas, le recours à des robots vient pallier l'insuffisance de personnels humains. Le choix pour les entreprises peut se résumer ainsi : dépenser des sommes importantes en communication pour promouvoir les métiers en tension ou chercher à les automatiser.

2 QUELS SONT LES MÉTIERS LES PLUS ATTRACTIFS AUJOURD'HUI ?

LES MÉTIERS ATTRACTIFS	LES MÉTIERS PEU ATTRACTIFS
Journaliste	Boucher/charcutier
Architecte	Ouvrier sur chaîne de fabrication
Vétérinaire	Serveur(se)
Médecin	Gardien(ne) de prison
Professeur d'université	Pêcheur
Pharmacien(ne)	Cariste
Informaticien(ne)	Gérant(e) de café

Dans les métiers attractifs, on retrouve le plus souvent des métiers :

- Avec une rémunération élevée,
- Respectant le biorythme,
  ayant un minimum de contraintes,
- Porteurs de sens.

Les métiers les plus attractifs sont généralement ceux qui ne mettent pas les personnes en relation avec des produits, des substances ou des environnements considérés comme repoussants tels que la viande et le sang par exemple pour les bouchers/charcutiers ou encore la terre ou les animaux pour les agriculteurs. Les métiers intellectuels sont également considérés généralement comme les plus attractifs au détriment des métiers manuels. Enfin, le facteur pénibilité joue un rôle important dans le niveau *« d'Attractivité »* d'un métier.

L'image d'un métier dépend en grande partie de la représentation du métier. Cette représentation est liée à l'histoire du métier qui a façonné sa représentation et à la communication qui est faite autour du métier. Ce qui est intéressant sur ce point c'est que la représentation du métier est souvent en décalage avec la réalité du métier. Les métiers évoluent plus vite que leurs représentations. Cela fait que certains métiers attractifs aujourd'hui présentent en réalité des conditions de travail très difficiles.

L'IMAGE D'UN MÉTIER EST SOUVENT EN DÉCALAGE AVEC LA RÉALITÉ DU MÉTIER CAR LES MÉTIERS SE TRANFORMENT.

Dans ces métiers, on peut citer à titre d'exemple celui d'architecte, métier qui a connu son heure de gloire jusqu'au milieu des années 70. Aujourd'hui, le secteur s'est paupérisé avec une explosion du nombre de professionnels passant de 14 500 en 1970 à 39 500 aujourd'hui. Les cabinets se sont multipliés réduisant les marges tandis que le secteur s'industrialisait. Beaucoup d'architectes peinent aujourd'hui à boucler leurs fins de mois. La situation est identique pour les avocats, notamment en Île-de-France où la concurrence est forte.

3 LES PROBLÉMATIQUES ET LES LIMITES DU FACTEUR « ATTRACTIVITÉ »

La limite principale du facteur « *Attractivité* » se situe dans le fait que l'automation peut toucher certains métiers jugés attractifs voire très attractifs. Par exemple, le métier de journaliste est un métier qui reste très attractif. Pourtant, la crise qui touche la presse depuis les années 2000 et les difficultés à renouveler le modèle économique des journaux ont entraîné une dégradation importante des conditions de travail (baisse des rémunérations, précarisation du travail, baisse des moyens alloués pour réaliser les reportages).

Confrontée à des revenus en déclin, la presse peut être tentée d'avoir recours à l'automation pour produire du contenu et ce, malgré le fait qu'elle dispose d'une main d'œuvre qualifiée importante dans le secteur. Car le coût de l'automation est beaucoup plus faible que le coût de revient d'un être humain. Dans un contexte de raréfaction des ressources ou de crise dans un secteur donné, le rôle « protecteur » du facteur « *Attractivité* » a donc tendance à s'atténuer. C'est le cas également pour des professions comme celle d'avocat.

QUESTION PHILOSOPHIQUE :

LES ROBOTS VONT-ILS NOUS TRANSFORMER EN ROBOTS ?

Il y a une quinzaine d'années, je possédais une voiture. À cette époque, j'aimais conduire. Il m'arrivait parfois de faire des excès de vitesse. Je savais que je risquais d'être contrôlé par la maréchaussée. Mais je savais aussi que dans ce cas, j'avais des chances de m'en tirer avec une simple remontrance. Et puis les radars automatiques ont fait leur apparition. Les radars automatiques sont des robots qui flashent les automobilistes dès qu'ils dépassent, même de quelques km/h, les limitations. Ces robots ont permis de réduire les accidents sur les routes, mais ils ont ruiné chez moi tout plaisir de conduire. Car personnellement, je ne suis pas un robot. Conduire en passant mon temps à regarder le compteur, ce n'est pas mon style !

Dans la ville où j'habite, le prix des parkings est très élevé. Avant, quand je me garais et que j'oubliais de payer le parcmètre, j'avais des chances d'être verbalisé mais pas forcément… Cela me laissait une certaine chance d'échapper à une contravention (dont le prix était d'ailleurs moins élevé à l'époque) … Et puis sont arrivées les robots-pervenches. Qu'est-ce qu'un robot-pervenche ? C'est une voiture qui circule toute la journée dans les rues en photographiant les plaques minéralogiques des voitures mal garées ou celles qui ne paient pas leur parcmètre. C'est un robot à contraventions si vous préférez... cette deuxième invention a eu raison de mes dernières velléités pour la conduite automobile. Je me suis acheté un vélo, en attendant que des robots contrôlant la circulation des vélos ne fassent leur apparition...

LES ROBOTS, QUAND ILS SONT UTILISÉS POUR CONTRÔLER SONT AUSSI IMPLACABLES QU'INTRANSIGEANTS.

Utilisant le plus rarement possible la voiture, je me suis concentré sur le train. J'aime le train. On monte et on se laisse porter jusqu'à destination. Avant, dans le train, il y avait des contrôleurs. Et ces contrôleurs savaient, dans certains cas, se montrer compréhensifs notamment avec les voyageurs réguliers et de bonne foi. Quand on voyage beaucoup et qu'on travaille beaucoup, ce qui est mon cas, on peut être amené à oublier sa carte de réduction, à se tromper de date dans une réservation, à devoir changer de train au dernier moment. Les contrôleurs faisaient preuve de souplesse avec les gens comme moi car ils savaient que nous payions nos titres de transport. Ça c'était avant, parce que maintenant les contrôleurs disparaissent[61]. À leur place, la SNCF a installé des portiques automatiques. Pas de billet = pas de train.

Un soir, je revenais de l'étranger avec ma fille de cinq ans. Je n'avais pas trouvé le temps d'acheter des billets. J'ai demandé au portique de me laisser passer. Je comptais acheter mes billets dans le train. Il s'est contenté d'un bip strident. Car un robot ne comprend pas les difficultés des personnes. Il est incapable de faire preuve d'empathie. Cela ne lui fait rien de vous laisser sur le quai d'une gare balayé par un vent glacial avec un bébé. Ces robots ne savent pas que vous êtes un bon client, fidèle, dont l'entreprise achète pour

---

[61] Il est intéressant de noter que la période qui précède l'automation d'un métier se caractérise presque systématiquement par un contrôle accru exercé sur les salariés. Dit autrement, on commence par essayer de normaliser le comportement des êtres humains avant de les remplacer par des robots. Pour normaliser le comportement d'un être humain, on commence par mettre en place des outils de contrôle tels que la géolocalisation ou le suivi d'activité en temps réel. Par exemple, il est très facile aujourd'hui pour une entreprise comme la SNCF de savoir combien de procès-verbaux dresse un contrôleur de train chaque jour. Puis, de comparer en temps réel ce résultat avec la moyenne des procès-verbaux dressés sur la même ligne durant l'année par l'ensemble des contrôleurs. Le système de contrôle va ensuite alerter automatiquement le manager quand ce taux sera trop faible (contrôleur trop conciliant ou ne réalisant que partiellement ses opérations de contrôle) ou trop élevé (contrôleur trop zélé). Le manager pourra alors intervenir auprès du contrôleur pour le faire corriger son comportement et ainsi normaliser au sein des trains les opérations de contrôle (cette correction peut d'ailleurs être demandée directement par le système de contrôle au contrôleur sans passer par le manager). Lorsqu'un tel système de normalisation est mis en œuvre, on peut s'attendre au remplacement de cette fonction par un robot à court ou moyen terme.

plusieurs milliers d'euros de billets de train chaque année. Pour ces robots, vous êtes seulement un OUI ou un NON circonstancié. À partir de ce jour, j'ai commencé à ne plus aimer prendre le train.

L'AUTOMATISATION DES PROCESSUS DE CONTRÔLE DES INDIVIDUS CONDUIT À L'ÉMERGENCE D'UN MONDE DÉSHUMANISÉ

Mon propos est simple. Si la société automatise toutes les activités et notamment le contrôle sans mettre de garde-fou, elle créera une société inhumaine. La société doit limiter les excès, les erreurs, les transgressions, mais elle doit aussi accepter que les êtres humains, de temps à autre, se comportent avec excès, commettent des erreurs et transgressent les règles. Si les humains font cela, c'est simplement parce que ce sont des humains... Et dans ces situations, la société doit être capable de faire preuve d'empathie et de compréhension. C'est à cette condition que le monde dans lequel nous vivons restera vivable et agréable. Dans le cas contraire, à quoi nous serviront les innovations si elles rendent notre vie au quotidien insupportable?

Ma proposition en la matière est assez simple : intégrer une marge de tolérance dans les programmes informatiques. De façon pratique, cela signifie que les radars automatiques devraient dans 5% des cas au moins envoyer une simple lettre de remontrance aux automobilistes fautifs et non une amende. Idem pour les voitures mal garées. Cela signifie que les portiques de la SNCF devraient être capables d'interagir avec les voyageurs et de s'ouvrir lorsque la situation l'exige. Je suis un fervent partisan de l'automation mais j'en connais aussi les limites et je ne voudrais pas, en la favorisant, participer à faire de notre monde un monde sans liberté et sans humanité. Intégrer une marge de tolérance reviendrait à créer une sorte « d'empathie informatique »[62].

---

[62] « L'empathie informatique » est un principe basé sur la mise en place de seuils de tolérance dans le fonctionnement des machines, de façon à les rendre plus « humaines ». Il s'agit de rendre non systématiques leurs actions notamment lorsqu'elles réalisent des opérations de contrôle. En effet, aucun être humain n'est capable de respecter 100% des règles dans 100% des cas. Cet idéal est un idéal totalitaire qui n'est pas acceptable et ne sera pas accepté par les citoyens. Il est donc nécessaire de mettre des garde-fous.

QUESTION N°5 : CET EMPLOI NÉCESSITE-T-IL D'INTERRAGIR AVEC DES ÊTRES HUMAINS ?

Le facteur *Relations Humaines* correspond au fait que le travail nécessite d'être en relation avec d'autres êtres humains et d'effectuer des tâches complexes exigeant des savoir-être tels que négocier, convaincre, enseigner, écouter ou apaiser. Les métiers qui impliquent ce type de situations sont plus difficiles à automatiser à cause de la complexité inhérente aux interactions sociales, notamment lorsqu'il s'agit d'influencer positivement le comportement ou l'état d'une autre personne. Cela nécessite une grande capacité d'adaptation.

1 COMMENT DÉFINIR PRÉCISÉMENT LE FACTEUR « *RELATIONS HUMAINES* » ?

En observant les interactions quotidiennes entre les êtres humains, j'ai découvert qu'on pouvait les classer en deux types : les interactions humaines créatives et les interactions humaines non créatives. Les interactions humaines créatives sont des interactions qui se caractérisent par un échange d'informations et d'émotions. Ces interactions permettent de construire un « édifice conversationnel » permettant l'émergence d'une solution, d'un projet ou d'une action commune de la part des interlocuteurs.

Par exemple, un couple prévoit de partir en vacances au Pérou sans faire appel à une agence de voyage. Ensemble, ils se mettent à discuter de l'itinéraire qu'ils prendront, des lieux à visiter, du choix du mode d'hébergement et de transport, du budget qu'il faudra y consacrer, du choix du matériel ou des vêtements à prendre avec soi etc. À travers leurs différentes discussions, ils « construisent » leurs futures vacances. Cette « construction » serait impossible s'ils n'avaient pas la capacité de parler, d'écouter, de comprendre, de négocier ou de convaincre.

IL FAUT DISTINGUER LES INTERACTIONS CRÉATIVES DES INTERACTIONS NON CRÉATIVES.

Les interactions non créatives sont différentes des interactions créatives dans la mesure où les informations ou les émotions transmises ne sont pas utilisées pour construire quelque chose. Dans les faits, les interactions non créatives ne sont pas de véritables interactions. En effet, les individus transmettent des informations ou des émotions à leurs interlocuteurs sans que ces informations ou ces émotions ne soient utilisées. Il n'y a pas à proprement parler d'échanges. Ce sont des messages unidirectionnels.

Par exemple, une personne vous dit : « bonjour, comment ça va ? » et vous lui répondez : « et toi ? ». Dans ce cas, il s'agit de phrases automatiques destinées à initier un rituel de communication. La situation est identique lorsqu'une personne raconte un évènement qui lui est arrivé sans chercher une solution ou un conseil de la part de son interlocuteur. La personne raconte quelque chose mais son récit est autocentré. En réalité, elle s'écoute parler. L'autre n'est que l'occasion de raconter/ mais il n'est pas impliqué.

SEULES LES INTERACTIONS CRÉATIVES RESTENT AUJOURD'HUI HORS DE PORTÉE DES ROBOTS.

De mon point de vue, si les interactions créatives sont hors de portée des robots car elles sont beaucoup trop complexes, les interactions non créatives sont tout à fait accessibles aux robots. Il est facile de programmer un robot pour dire : « bonjour comment vas-tu ? » Un robot est capable aussi de faire des compliments. Il est capable d'écouter une personne en reformulant à la manière d'un psychologue qui reprend toujours la dernière phrase de son patient ou utilise des phrases prototypiques comme : « oui, dites m'en plus[63]… »

Ce qui distingue en réalité les interactions humaines créatives des interactions humaines non créatives, c'est la nature du « produit » de l'interaction. Les premières débouchent sur une solution, une réponse, une réflexion ou une action nouvelle. Les deuxièmes n'apportent rien de nouveau. Les premières échappent aux intelligences artificielles tandis

[63] J'ai commencé en 2018 un projet de développement d'un robot-psychologue censé apporter du réconfort aux personnes en difficulté. Ce robot s'appuie sur la technologie conversationnelle développée par *Google*.

que les secondes sont tout à fait accessibles à des robots conversationnels appelés *chatbots*. Cela veut dire que bientôt, on pourra remplacer ces activités et les faire réaliser par des robots.

2 QUELS SONT LES MÉTIERS DE RELATIONS HUMAINES AUJOURD'HUI ?

LES MÉTIERS OÙ LES RELATIONS HUMAINES SONT CENTRALES	LES MÉTIERS OÙ LES RELATIONS HUMAINES SONT PÉRIPHÉRIQUES
Éducateur(ice) spécialisé(e)	Analyste financier
Enseignant(e)	Ingénieur pédagogique
Psychologue	Concepteur(ice) de robots
Vendeur(se) en boutique	Logisticien(ne)
Manager	Chef de rayon de supermarché
Ingénieur commercial	Comptable
Agent immobilier	Charpentier

Les métiers dans lesquels les relations humaines sont centrales sont tous ceux où l'aptitude à influencer prédomine. Ce sont des métiers où l'on cherche à obtenir un effet sur un autre être humain pour le guérir, l'amener à adopter des comportements respectueux des normes, lui faire acheter des produits ou des services au meilleur prix. Chaque fois, on voit que les interactions humaines sont de natures constructives. L'échange est profond, poussé, complexe car nécessitant une compréhension fine de son interlocuteur.

Cela veut dire que les êtres humains qui exercent ces métiers doivent continuer à développer leurs compétences en la matière. Les formations en *« soft skills »* ont de belles années devant elles. Seuls les professionnels qui maîtriseront ces compétences et auront fait l'effort de développer leur intelligence émotionnelle seront en mesure de survivre dans un monde dominé par les robots. Bien sûr les métiers de « relations humaines » ne sont pas, pour des raisons culturelles, ceux où l'on privilégie l'automation.

LES COMPÉTENCES CLEFS DES HOMMES ET DES FEMMES DU XXIème SIÈCLE SERONT LES *SOFT SKILLS.*

Enfin dernier point, l'une des compétences qu'il sera nécessaire de développer dans l'avenir est la capacité à communiquer avec les robots. Intelligence artificielle ou robots plus basiques ont une façon de se comporter qui est liée à la manière dont on communique avec eux. Certaines personnes auront plus de facilités pour faire exécuter certaines tâches aux robots. Je suis convaincu qu'il sera possible demain de « convaincre » les robots d'adopter certaines attitudes ou certains comportements. Plus les robots seront intelligents et plus cela sera possible.

Replika

Deux « start-uppeurs » californiens, d'origine russe viennent de mettre au point Replika, une IA[64] mimétique. Le principe est le suivant : prendre votre place quand vous serez mort. Replika est en fait un ChatBot (Un robot conversationnel) qui apprend à votre contact jusqu'à être en capacité d'imiter votre façon de communiquer (style de phrase, vocabulaire employé etc.). Replika est capable de demander l'accès à tous vos comptes de réseaux sociaux et d'analyser également vos posts. Lorsque vous serez mort, ce robot mettra en œuvre tout ce qu'il aura appris de vous, avec une mission simple et claire : prendre votre place auprès de vos amis. Ces derniers n'auront qu'à télécharger l'application sur leur téléphone ou leur tablette, appeler votre profil, et ils auront l'impression d'échanger des messages Chat avec vous.

3 LES LIMITES DU FACTEUR *« RELATIONS HUMAINES »*

Nous l'avons vu, les métiers où les relations humaines sont centrales, sont aujourd'hui protégés de l'automation. Mais pour que cette protection tienne dans le temps, il faut faire en sorte que les robots ne soient pas capables d'avoir de l'influence sur les autres êtres humains. On a vu les métiers de la vente, métiers de relations humaines par essence, être progressivement automatisés par des solutions e-commerce.

---

64 Intelligence Artificielle.

Certains produits comme les voitures ou les achats immobiliers résistent encore au e-commerce mais pour combien de temps ?

Personnellement, je reste convaincu que les robots peuvent apporter énormément dans l'éducation, la psychologie et la médecine. Les pays industrialisés sont frappés partout par un isolement grandissant des individus notamment à cause du vieillissement, mais aussi à cause des ruptures de vie comme le chômage ou les divorces. Les robots pourraient dans ces cas précis apporter un soulagement, une compagnie ou encore un soutien aux personnes leur permettant de mieux vivre la solitude et l'isolement.

iPal, le robot-éducateur

La société AvatarMind a présenté lors du CES de Shangaï en 2019 un robot éducateur destiné aux parents d'enfant unique. Il est conçu pour tenir compagnie et proposer des contenus éducatifs. Le robot a la forme d'un humanoïde et mesure environ 100 cm. Il est équipé d'une tablette sur la partie ventrale. Le robot se déplace sur roulettes. Il est même capable de danser. Le robot propose aussi bien des activités ludiques que des contenus pédagogiques. Il parle chinois et anglais, donne des cours de mathématiques, plaisante et propose des jeux. Le robot ne peut pas remplacer un parent ou un professeur totalement mais il peut s'y substituer à certains moments… Connectés au WI-FI, les parents, s'ils sont absents, peuvent communiquer avec leur enfant en visioconférence.

QUESTION PHILOSOPHIQUE :

LES ROBOTS PEUVENT-ILS FAIRE MIEUX QUE LES ÊTRES HUMAINS DANS LES RELATIONS HUMAINES ?

Nous avons évoqué précédemment une question philosophique posée par les robots quant à la sexualité. Il convient maintenant de l'aborder du point de vue des relations affectives en général, comme l'amour ou l'amitié. Sur ce plan, les robots pourraient-ils devenir meilleurs que les êtres humains ? Dit autrement, est-ce que certaines personnes pourraient préférer dans les années à venir avoir comme conjoint, comme meilleur ami, comme parent (ou comme enfant) un robot plutôt qu'un être humain ? Cette question mérite d'être posée.

Pour répondre à cette question, il faut d'abord comprendre d'où viennent les sentiments que les êtres humains éprouvent. La psychologie et l'expérience montrent que les sentiments naissent toujours de l'existence d'une réponse à un besoin. C'est parce qu'un individu satisfait l'un de nos besoins que l'on éprouve à son égard des sentiments positifs et un attachement de nature psychologique ou physique. C'est d'ailleurs pour cette raison que le jour où nos proches cessent de répondre à nos besoins, les sentiments qui nous lient à eux s'évanouissent.

LA PSYCHOLOGIE ET L'EXPÉRIENCE MONTRENT QUE LES SENTIMENTS NAISSENT DE LA RÉPONSE À UN BESOIN.

Ainsi, les enfants aiment leurs parents parce que ceux-ci satisfont leurs besoins (nourritures, protection, affection, etc.). Les couples s'aiment tant qu'ils satisfont à leurs besoins respectifs (sécurité, activités communes, sexualité, etc.) et se séparent le jour où ils ne les satisfont plus. Des amis s'apprécient s'ils satisfont aux besoins de chacun (pratiquer un sport ensemble, sortir le samedi soir etc.) et leur amitié cesse le jour où ils ont d'autres besoins ou changent de centres d'intérêts. La psychologie humaine fonctionne ainsi.

La réponse aux besoins d'une personne, que ces besoins soient psychologiques (être écouté, protégé, valorisé etc.) ou matériels (avoir de l'argent, un toit au-dessus de sa tête etc.) a en réalité plus de chances d'être assuré par un robot que par un être humain. Pourquoi ? Parce que les êtres humains sont par nature autocentrés. Ils pensent d'abord à satisfaire leurs propres besoins avant ceux des autres. Ce type de réflexe social est programmé génétiquement afin d'assurer la survie de l'individu et donc *in fine* de l'espèce[65].

L'ÊTRE HUMAIN CHERCHANT À SATISFAIRE SES BESOINS POURRAIT TROUVER DANS LE ROBOT CONÇU POUR Y RÉPONDRE LE PARTENAIRE IDÉAL.

Un robot conçu uniquement dans le but de satisfaire aux besoins de son propriétaire sur les plans psychologique (valorisation, écoute, soutien etc.) et matériel (aide pour gagner de l'argent, trouver un emploi, résoudre les difficultés du quotidien etc.) provoquerait sans aucun doute la même réaction d'attachement. Ce robot nouerait avec son propriétaire une relation affective très forte. La relation pourrait être aussi forte qu'entre des enfants et leurs parents car les besoins auxquels le robot apporterait une réponse seraient très divers[66].

LA ROBOTIQUE S'APPRÊTE À RÉVOLUTIONNER NOS ORGANISATIONS SOCIALES.

Le robot dévoué corps et âme à son propriétaire ne l'abandonnerait jamais. Il y aurait une relation quasi

[65] Il existe également une tendance inverse à l'empathie. Mais celle-ci est rarement première.

[66] J'ai acheté il y a 24 mois un robot à ma fille. J'ai pu observer ses réactions ainsi que celles de ses amies lorsqu'elles jouaient avec le robot. Une relation très forte se nouait avec le robot, semblable à ce qu'on peut observer avec un animal de compagnie comme un chien ou un chat.

fusionnelle entre l'être humain et le robot. Il s'agirait d'une relation tout à fait originale dans l'histoire de l'humanité. L'être humain est capable de s'attacher à des plantes, des animaux, des êtres humains bien sûr. Il aurait un nouveau partenaire de vie : son ou ses robots. Il est possible que certains humains se détourneraient alors des relations avec les êtres humains, privilégiant les relations avec des robots.

Ce type de révolution culturelle sera particulièrement intéressante à observer.

QUESTION ÉCONOMIQUE ET SOCIALE : LA ROBOTISATION FAVORISE-T-ELLE L'INSÉCURITÉ ?

La mise en place de systèmes automatisés permet de se passer d'êtres humains pour réaliser certaines tâches comme le fait de vendre (e-commerce, supérettes automatisées etc.), de contrôler (portiques de sécurité, caméras etc.), d'orienter (applications, robots pour conseiller les touristes etc.) ou de distribuer de l'argent (DAB). Elle entraîne de fait la raréfaction des êtres humains sur certains territoires au profit des machines. Or, il existe une différence fondamentale entre les êtres humains et les machines : leur niveau de spécialisation.

Une machine est un outil destiné à réaliser une tâche spécialisée et uniquement cette tâche. Elle n'est pas capable de réaliser une tâche qui sort de sa destination initiale. Une supérette automatisée n'est pas capable d'orienter un touriste égaré, un portique de sécurité n'est pas capable d'apporter une assistance à une personne souffrant d'un problème de santé, une caméra n'est pas capable de s'interposer lorsqu'éclate une bagarre ou qu'une jeune femme est victime de harcèlement de rue. Elle ne fait que filmer car elle ne « sait » que filmer.

IL EXISTE UNE DIFFÉRENCE FONDAMENTALE ENTRE LES ÊTRES HUMAINS ET LES MACHINES : LEUR NIVEAU DE SPÉCIALISATION.

À l'inverse des machines, les êtres humains sont des êtres totaux. Ils ont de multiples compétences et peuvent au besoin sortir de leur rôle pour assurer d'autres fonctions. Ces compétences multiples permettent de favoriser l'harmonie et l'efficacité sociales. Par ailleurs, les êtres humains jouent un rôle important de régulation sociale. La présence d'êtres humains invite les autres êtres humains à respecter les normes et les valeurs du groupe (et de la société à laquelle ils appartiennent). Être regardé par un autre être humain modifie son comportement[67].

Dans les villes de province de taille moyenne, le e-commerce a contribué à faire disparaître de nombreux

---

[67] Norman Triplett est le premier à avoir démontré cet effet en 1898. Triplett avait remarqué que les coureurs cyclistes avaient tendance à rouler plus vite en présence d'une tierce personne que s'ils étaient seuls. Il a par la suite prouvé la véracité de cet effet dans une expérience contrôlée en laboratoire et aujourd'hui appelée effet de « facilitation sociale ». Le simple fait d'être observé par d'autres êtres humains modifie notre niveau de performance dans une tâche. Il modifie en fait l'ensemble de nos comportements venant activer les composantes sociales de la pensée et des comportements eux-mêmes en grande partie déterminés par les normes et les valeurs sociales.

commerces de proximité. Cette disparition a entraîné une raréfaction des êtres humains, notamment à partir des heures de fermeture des commerces. Cette absence d'êtres humains est génératrice d'un sentiment d'insécurité. S'il n'y a personne dans la rue, à qui puis-je demander de l'aide si je suis en difficulté, si je suis perdu, que je souffre d'un problème de santé ou que je subis un vol ou une agression ? Il n'y a personne…

L'ABSENCE D'ÊTRES HUMAINS EST GÉNÉRATRICE D'UN SENTIMENT D'INSÉCURITÉ ET D'UNE INSÉCURITÉ RÉELLE.

Je lisais récemment un fait divers dans le journal racontant une rixe particulièrement violente dans la ville de Saint-Brieuc (22). L'une des victimes devait son salut au fait d'avoir pu « se réfugier dans un commerce ». J'ai par ailleurs pu échanger avec des vendeurs de distributeurs automatiques ou de supérettes automatisées. Tous soulignent la nécessité de mettre en place un « blindage » pour protéger leurs appareils. Mon hypothèse est que l'absence d'êtres humains favorise les comportements antisociaux et réduit les possibilités de régulation sociale.

Lorsque vous remplacez des êtres humains par des robots, vous devez presque systématiquement créer de nouveaux emplois dans le domaine de la sécurité ou de la médiation sociale pour assurer les tâches de régulation sociale que les travailleurs assuraient auparavant. Vous devez également investir dans des équipements de protection ou de surveillance afin d'éviter que les comportements antisociaux n'entraînent des destructions de matériels ou des actes malveillants à l'encontre des personnes et ce, dans un contexte où les actes de violence sont en constante augmentation.

LORSQUE VOUS REMPLACEZ DES ÊTRES HUMAINS PAR DES ROBOTS, VOUS DEVEZ PRESQUE SYSTÉMATIQUEMENT CRÉER DE NOUVEAUX EMPLOIS DANS LE DOMAINE DE LA SÉCURITÉ.

Néanmoins, il faut tempérer ce propos, car ce n'est pas seulement le remplacement des êtres humains par des robots qui est à l'origine de ce phénomène mais plutôt une évolution sociétale majeure : l'État de droit. Dans un État de droit, les citoyens n'ont pas le droit d'agir pour faire respecter la règle ou la loi sauf à ce que la règle ou la loi leur en aient donné la prérogative. Les individus sont en fait privés même du droit de se défendre. Car en se défendant, ils deviennent eux-mêmes des agresseurs passibles d'amendes et de peines de prison.

L'évolution du droit actuel et des nouvelles technologies nous amène à établir un scénario, celui de la robotisation progressive des activités de régulation sociale. Certains robots de ce type (robot-policier, robot-guide etc.) sont déjà en fonction dans des villes comme Dubaï. Le rôle de ces robots est de renseigner, de guider et éventuellement de protéger ou de prendre en charge d'éventuelles victimes. Il s'agit ni plus ni moins que d'agents de sécurité robotisés qui patrouillent dans les rues des villes.

NOUS ALLONS VOIR DANS LES ANNÉES QUI VIENNENT ÉMERGER DE NOUVELLES CLASSES DE ROBOTS DÉDIÉS À LA SÉCURISATION DE L'ESPACE PUBLIC.

Ces robots patrouilleront 24h/24h 365 jours/an dans les rues de nos villes. Les villes ont déjà investi massivement dans la vidéoprotection. De tels robots ne seraient finalement que le prolongement de ces investissements, sortes de caméras mobiles équipées de systèmes d'alerte, de capacités à interagir pour venir en aide à une personne et peut-être demain de capacités d'intervention comme l'usage de gaz lacrymogènes ou d'armes à sons capables de mettre fin à une rixe ou une agression. Tel est l'avenir promis à nos sociétés sauf à :

- Changer les lois de la République pour rétablir le droit de n'importe quel être humain à assurer une fonction de régulation sociale comme le droit accordé à tout adulte d'exercer son autorité sur un enfant dans n'importe quel lieu même en l'absence de tout lien de parenté.

- Réduire drastiquement les charges sociales qui pèsent sur le travail humain et le rééquilibrer avec les taxes très faibles qui pèsent sur les robots de façon à rendre les humains plus compétitifs pour pouvoir ainsi redéployer des activités humaines dans l'espace publique de nos cités,
- Autoriser les êtres humains à adopter des comportements de régulation en dehors de leur fiche de fonction comme par exemple autoriser un conducteur de bus à aider une personne en difficulté ou à répondre à un touriste égaré, ce qui n'est pas le cas aujourd'hui, les chauffeurs de bus n'ayant même plus le droit de parler avec les passagers…

Mes lecteurs les plus avertis l'auront compris : équiper les villes de robots de sécurité sera bien moins complexe que de prendre de telles mesures…

QUESTION N°6 : CET EMPLOI EST-IL BIEN PAYÉ ET CONCERNE-T-IL UN GRAND NOMBRE DE SALARIÉS ?

Les facteurs *Salaire moyen* et *Nombre d'employés* renvoient au niveau moyen de rémunération (salaires et avantages) d'un salarié en échange de la réalisation d'un certain travail. Plus la réalisation d'une tâche coûte cher et plus les entreprises cherchent à l'automatiser pour réduire leurs charges d'exploitation et améliorer leurs résultats comptables. C'est tout le paradoxe de l'automation du secteur des services qui touchait autrefois les métiers les moins qualifiés dans l'agriculture et l'industrie et qui touche maintenant des emplois qualifiés.

Le facteur *Nombre d'emplois* correspond au nombre de personnes qui occupent cet emploi dans un pays (ou dans le monde). Plus un emploi est occupé par un grand nombre de personnes et plus les entreprises peuvent chercher à l'automatiser. Les métiers occupés par un grand nombre de personnes sont souvent très spécialisés, ce qui favorise également l'automation. Enfin, le facteur *Nombre d'emplois* stimule également l'offre des fabricants de robots qui ciblent des marchés à fort potentiel de croissance. L'offre doit rencontrer la demande.

1 COMMENT DÉFINIR PRÉCISÉMENT LES FACTEURS « SALAIRE MOYEN » ET « NOMBRE D'EMPLOIS » ?

Le salaire moyen d'un métier est un facteur prédictif de son automation dans le sens où plus un emploi est rémunéré et plus il est coûteux pour l'entreprise et donc plus elle est incitée à automatiser ce métier. Les coûts d'investissement nécessaires pour automatiser le poste seront plus rapidement rentabilisés et les gains financiers seront également plus importants. Cependant, ce facteur à lui seul ne suffit pas. En effet, un emploi dont le salaire moyen est important mais le nombre d'emplois faible n'est pas intéressant à automatiser.

Une entreprise qui emploie un seul commercial, même très fortement rémunéré, n'a aucun intérêt à automatiser sa fonction car le temps, l'énergie et l'argent dépensés pour automatiser ses tâches seront difficilement rentabilisables. À l'inverse, une entreprise qui emploie trente commerciaux (et *a fortiori* 300 ou 3000) a tout intérêt à conduire une réflexion sur ce sujet. En effet, les économies qu'elle peut réaliser en automatisant, totalement ou partiellement, l'activité de ses commerciaux sont considérables. Le temps, l'énergie et l'argent dépensés seront rentabilisés.

UNE ENTREPRISE QUI EMPLOIE TRENTE COMMERCIAUX (ET A FORTIORI 300 OU 3000) A TOUT INTÉRÊT À AUTOMATISER AU MOINS PARTIELLEMENT CETTE FONCTION.

J'ai créé une formule mathématique qui permet de dégager un coefficient d'automation et d'ainsi calculer l'opportunité d'automation d'un métier en fonction du nombre d'emplois concernés et du salaire moyen de ces emplois. Dès que le coefficient atteint un certain niveau, cela signifie qu'il convient d'entamer ce que j'appelle une « recherche en automation ». Dit autrement, dès qu'un emploi constitue une opportunité d'automation, on va rechercher des solutions pour l'automatiser partiellement ou totalement dans les années qui viennent.

Ce travail prospectif est indispensable car les solutions technologiques apparaissent à une telle vitesse, qu'il faut être attentif à leur émergence. Par ailleurs, ces emplois à fort coefficient d'automation sont aussi ceux qui offrent les plus gros potentiels d'augmentation de la productivité de l'entreprise. L'augmentation de la productivité se traduit par une augmentation nette de la marge brute et donc *in fine* des profits. L'entreprise trouve là des ressources pour investir et se développer et si nécessaire recruter de nouveaux collaborateurs.

Comment automatiser la fonction commerciale ?

On a vu ces dernières années les comportements des acheteurs BtoB se modifier considérablement. La plupart des enquêtes montrent que l'époque où les commerciaux « visitaient » leurs clients est une époque révolue. Aujourd'hui, les acheteurs n'ont plus le temps de recevoir les représentants de leurs fournisseurs, surtout s'il ne s'agit pas de fournisseurs cruciaux. Les comportements d'achats deviennent de plus en plus digitaux. On achète des prestations de service sur Internet comme on achète un produit sur Amazon ou Cdiscount.

Cela veut dire que toutes les entreprises ou presque ont la nécessité de se doter d'un système de vente digitale et ce, même si elles avaient pour habitude de travailler avec des commerciaux itinérants. Le système de vente digitale permettra de capter une clientèle nouvelle mais aussi de remplacer partiellement le travail des commerciaux itinérants. On est dans une formule hybride, à la fois physique et digitale. Cette formule permet de faire des gains de productivité et de réduire son niveau de dépendance aux commerciaux qui reste fort dans ce type de modèle.

Upwork.com, une société basée en Californie et créée par un Français (Cocorico !) a réalisé l'an dernier un milliard de dollars de CA en mettant en relation des freelances et des entreprises dans le monde entier… Les prestations intellectuelles comme le graphisme, le développement informatique, le conseil juridique, le management de transition etc. s'achètent maintenant via des plates-formes numériques. On peut même payer directement les prestations en ligne et faciliter ainsi les processus de gestion des achats.

2 QUELS SONT LES MÉTIERS À « SALAIRE MOYEN » ET « NOMBRE D'EMPLOIS » ÉLEVÉS OU FAIBLES ?

LES MÉTIERS AVEC UN SALAIRE MOYEN FAIBLE ET UN NOMBRE FAIBLE	LES MÉTIERS AVEC UN SALAIRE MOYEN ÉLEVÉ ET UN NOMBRE ÉLEVÉ
Artisan d'art	Employé des banques et des assurances
Toiletteur pour animaux	Comptable
Ripper	Enseignant(e)
Coach sportif	Gérant(e) de café
Psychologue	Commercial
Photographe	Manager
Musicien(ne)	Pilote d'avion

Dans un pays comme la France, certains métiers sont exercés par des centaines de milliers de personnes comme c'est le cas pour les vendeurs ou les commerciaux, tandis que d'autres se limitent à quelques milliers comme les artisans d'art ou les musiciens. Le nombre d'emplois dans chaque métier évolue. Certains métiers voient leurs effectifs diminuer rapidement comme les gérants de café, un secteur en crise depuis plusieurs années alors que le nombre de pilotes d'avion explose avec la croissance du trafic aérien.

La disparition programmée du personnel des banques et des assurances

L'évolution des effectifs dans le secteur bancaire et assurantiel s'apparente à ce qu'a connu l'industrie automobile au cours du XXème siècle. Aujourd'hui, les effectifs de ces deux secteurs réunis sont de 750 000 salariés en France. La DARES prévoit une évolution de l'ordre de 1% à 2% des effectifs jusqu'en 2022 avec une croissance concentrée au niveau des cadres et une légère baisse au niveau des employés les moins qualifiés et ce, dans un contexte de départ massif à la retraite, le secteur ayant beaucoup embauché dans les années 80.

Cette évolution positive est une évolution en trompe-l'œil. Car en réalité, ces secteurs verront la destruction d'un nombre très important d'emplois dans les années à venir. Ces secteurs ne sont pas encore totalement pénétrés par le numérique et l'intelligence artificielle. Le secteur compte aussi de nombreuses « entreprises philanthropes[68] » qui, soucieuses de leur image et des relations sociales, « lissent » les destructions d'emplois. Pourtant, dans un contexte de concurrence accrue, ces amortisseurs devraient faiblir.

Les premiers touchés seront les services clients dans les réseaux d'agences. La souscription des contrats d'assurances en ligne et l'ouverture de comptes bancaires en ligne ou dans les bureaux de tabac vont entraîner des fermetures d'agences en cascade (au 10/09/2018, 1 000 000 de comptes bancaires avaient été souscrits dans les bureaux de tabac...).

Le deuxième secteur qui sera touché sera celui des fonctions supports, pour tout ce qui concerne la dimension administrative, notamment l'archivage, la gestion documentaire et même les gestionnaires de dossiers dont le travail pourrait être progressivement supplanté par des intelligences artificielles.

La décision d'un remboursement en cas de sinistre ou de l'accord d'un prêt sera toujours réalisée par un humain mais toute l'analyse du dossier sera réalisée par un algorithme

[68] Les « entreprises philanthropes » sont des entreprises qui conservent dans leurs effectifs des employés dont les emplois ont été supprimés pour des raisons financières et/ou organisationnelles. Cette philanthropie est liée à des motivations intrinsèques telles que les valeurs de l'entreprise, la politique sociale ou l'image de marque auprès du grand public. Ces entreprises refusent de licencier, créant un « stock d'emplois » qui devraient normalement être détruits.

ou une intelligence artificielle. L'être humain sera réduit à valider la décision déjà prise par un logiciel. C'est en tout cas une source de plaintes des personnels des banques et des assurances.

2 LES LIMITES DES FACTEURS « SALAIRE MOYEN » ET « NOMBRE D'EMPLOIS » ?

Le croisement de ces deux facteurs est un élément déterminant du processus d'automation. Cependant, il n'est pas valable pour tous les métiers. Cela dépend également de la structuration de ces emplois. Dit plus simplement : dans quel type d'entreprises ces personnes travaillent ? Il y a par exemple un très grand nombre de serveurs en France mais ces serveurs sont employés par des TPE qui peuvent hésiter à investir dans l'automation. Les employés des banques et des assurances travaillent eux pour de très grandes structures qui investissent massivement dans l'automation.

Les phénomènes d'automation et de destruction d'emplois associés sont plus organisés, prévisibles et gérés dans les grands groupes alors qu'ils peuvent survenir de façon totalement imprévue dans les petites entreprises. On pourrait assister à une automation subite de certains métiers comme l'hôtellerie et la restauration sous l'effet d'une innovation technologique majeure. Il a fallu seulement dix ans pour que l'ensemble des restaurants japonais s'équipent de guichets automatiques, supprimant ainsi les postes de dizaines de milliers de serveurs.

CHAPITRE 3 :

COMMENT S'ADAPTER ET RÉUSSIR DANS LA SOCIÉTÉ DES ROBOTS ?

COMMENT S'ADAPTER ET RÉUSSIR DANS LA SOCIÉTÉ DES ROBOTS ?

La société se robotise à grande vitesse. Certes, les effets de cette robotisation massive de l'économie ne sont pas encore visibles. Mais c'est parce que nous ne sommes qu'au « stade racinaire » de la robotisation. J'appelle « stade racinaire[69] », la période d'ajustement qui précède la période de pénétration d'une technologie dans toute une société. Une technologie (électricité, aviation, téléphonie etc.) commence toujours par se développer dans un milieu spécifique, et si les conditions sont réunies, elle se diffuse ensuite massivement dans tous les autres milieux.

Cela signifie que nous sommes à un moment où il est encore possible de prendre des décisions et d'agir pour anticiper. Lorsque la révolution des robots apparaîtra au grand jour, il sera sans doute trop tard pour un grand nombre d'acteurs.

---

69 Les évolutions technologiques suivent le même processus de croissance que les plantes. Les plantes commencent par développer leurs racines (partie invisible) avant de développer leur feuillage (partie visible). Le « stade racinaire » désigne un moment particulier où les innovations se multiplient sans que leurs effets soient pleinement visibles. De mon point de vue, les effets de la robotisation seront très nettement perceptibles dans 10 ans.

Ils se retrouveront sur la brèche, contraints de changer leurs habitudes et leurs comportements à marche forcée, pour essayer de rattraper leur retard en dépensant une énergie considérable, au risque d'être happés par le « rouleau compresseur du numérique ». Cette réalité vaut pour les individus, les entreprises et les États.

Face à la révolution robotique, chaque acteur doit prendre ses responsabilités. Il lui faut faire des choix cruciaux (« vitaux ») en fonction de ses objectifs. Bien sûr, les objectifs d'un individu, d'une entreprise ou d'un État ne sont pas identiques. Les risques et les opportunités de l'automation sont différents que l'on soit salarié, employeur ou décideur politique. Dans le chapitre qui va suivre, je vais tenter de me mettre à la place de chaque acteur et faire des propositions concrètes pour qu'il puisse anticiper et s'adapter à la révolution des robots.

1 LA RÉVOLUTION DES ROBOTS DU POINT DE VUE DES SALARIÉS

Il est certain que la robotisation va entraîner une raréfaction du travail. Surtout, elle va forcer les salariés à acquérir de nouvelles compétences de façon accélérée. La compétition entre les êtres humains est maintenant mondiale. Les Français sont en concurrence avec les Indiens, les Chinois, les Coréens ou les Japonais anglophones ou les Marocains et les Malgaches francophones. Dans un contexte de raréfaction du travail, les entreprises ont le choix. Et ce choix est grandement facilité dans le domaine des services par l'absence de barrières physiques.

Délocaliser une usine, c'est compliqué, mais délocaliser le codage d'un site Internet, la saisie d'une base de données ou la rédaction d'un article, c'est simple. Sur les métiers faiblement qualifiés, la barrière de la langue peut jouer mais dans les métiers hautement qualifiés, tous les salariés parlent anglais et ont des profils multiculturels. Il existe moins de différences culturelles entre un ingénieur français vivant à Paris et un ingénieur chinois vivant à Shanghai qu'entre un ingénieur français vivant à Paris et un ouvrier du bâtiment habitant la Creuse...

IL EXISTE MOINS DE DIFFÉRENCES ENTRE UN FRANÇAIS ET UN CHINOIS VIVANT DANS UNE GRANDE MÉTROPOLE QU'ENTRE DEUX FRANÇAIS DONT L'UN VIT À LA CAMPAGNE ET L'AUTRE DANS UNE GRANDE MÉTROPOLE.

Les individus qui ne seront pas prêts à acquérir rapidement de nouvelles compétences vont perdre leur travail. Ils auront ensuite beaucoup de difficultés à retrouver un nouvel emploi. Ils tomberont dans la précarité qui rendra leur vie difficile et désagréable. Ils vivront de subsides étatiques comme le *Revenu Universel*[70] qui va se développer dans les années à venir pour permettre aux non travailleurs de vivre. N'oublions pas que le travail reste aujourd'hui la principale source de revenus des individus et donc le moyen de construire leur sécurité et leur bonheur.

---

[70] Le revenu universel est une allocation versée chaque mois à tous les citoyens d'un pays (étudiants, salariés etc.) sans condition d'âge ou de revenu. Selon les projets, elle varie de quelques centaines d'euros à plus de 1000 euros par mois.

Au-delà du niveau des compétences, c'est la nature des compétences recherchées par les entreprises qui va se modifier. Les *soft skills*[71], comme la capacité à négocier, influencer, convaincre, ou faire preuve d'empathie seront très prisées. Dans un monde où les activités de production seront déléguées aux robots, incapables (pour l'instant) de faire preuve d'intelligence émotionnelle, ces compétences seront très recherchées. Plus généralement, ce sont les capacités à communiquer qui seront les plus en vue, communiquer avec les êtres humains et avec les robots.

L'entrepôt aux 4 salariés de Shanghai

La Chine est un pays réputé pour sa main d'œuvre à bas coût. Pourtant, là-bas aussi, on automatise. C'est le projet fou de JD.com, le grand rival d'Alibaba, leader mondial du commerce en ligne. JD.com a mis au point un entrepôt à Shanghai en capacité d'assurer le traitement et la mise en livraison de près de 200 000 commandes par jour.

Dans une vidéo disponible sur Internet (L'Usine Digitale), on peut voir les robots, bras robotisés et convoyeurs, sélectionner les produits dans les racks et traiter l'ensemble des commandes passées par le logiciel jusqu'à la mise sous pli et l'envoi par camion. Cet entrepôt n'emploie que quatre humains en tout, en charge de superviser l'action des machines.

---

[71] Les « *soft skills* » désignent les qualités humaines intrinsèques qui font la personnalité d'un individu. Elles relèvent de l'intelligence émotionnelle. Par opposition aux « *hard skills* » : les savoir-faire et compétences techniques validés par une formation.

On imagine cet outil une fois connecté avec des camions ou des robots de livraison autonomes. Les géants du commerce en ligne comme Amazon, Alibaba ou Jd.com investissent massivement dans la robotique et les innovations dans le secteur logistique se succèdent à une vitesse vertigineuse. Dans cette course contre la montre, les robots ont déjà gagné.

Cet exemple montre que les salariés qui travaillent dans le secteur logistique (caristes, préparateurs de commandes, manutentionnaires, responsables d'entrepôt et demain livreurs et chauffeurs de poids lourds) ont à s'interroger sur leur métier et doivent commencer à se préparer à l'arrivée des robots et à leur remplacement progressif par ces mêmes robots. Le problème est que ces populations sont souvent peu qualifiées (c'est la raison pour laquelle elles exercent ces emplois simples) et qu'elles sont donc loin de pouvoir accéder à des postes d'ingénieur roboticien.

Être loin de l'emploi n'est pas forcément un problème quand on a du temps devant soi. Et ces populations ont du temps puisqu'elles disposent d'environ 10 ans pour se préparer et se former. En 10 ans, on peut accomplir des choses extraordinaires. Tout le monde peut devenir ingénieur, tout le monde peut apprendre, à condition d'y croire et de croire en soi. Mais encore faut-il prendre conscience de la réalité, s'investir et s'engager. Les centaines de milliers d'employés de la logistique vont devoir retourner sur les bancs de l'école dès demain.

La suppression de 7000 postes chez Wallmart

On prédisait depuis plus de 10 ans la disparition des métiers de la comptabilité. Personne n'y croyait, surtout pas chez Wallmart, fleuron mondial de la distribution. Pourtant, les 7000 salariés des services administratifs et comptables ont bien reçu en 2016 leur lettre de licenciement avec pour motif « Absence de travail ». La faute à qui ? La faute à un robot…

La majorité des opérations comptables et administratives, autrefois réalisées dans chaque magasin, ont été centralisées et des robots-comptables ont été installés dans chaque magasin. Ces robots, en forme de gros coffres-forts dans lesquels on entre l'argent liquide et les chèques, assurent maintenant les opérations de facturation et de rapprochement bancaire pour chaque magasin.

Les ajustements sont réalisés dans un service unique regroupé au niveau national. Voilà comment la robotisation peut entraîner la disparition subite de milliers d'emplois dans un métier qualifié, encore récemment réputé inaccessible pour les robots. Dans le domaine de la robotique, mieux vaut écouter les Cassandre car ils se trompent rarement.

2 LA RÉVOLUTION DES ROBOTS DU POINT DE VUE DES ENTREPRISES

Si les salariés sont en concurrence entre eux, les entreprises le sont tout autant entre elles. Face à des entreprises implantées dans des pays où les normes écologiques, environnementales ou sociales sont moins contraignantes, l'automation apparaît comme la solution pour développer la productivité, monter en gamme et gagner des parts de marché. Les entreprises implantées dans les pays industrialisés doivent automatiser massivement leurs activités si elles veulent rester dans la compétition mondiale et survivre.

Pour développer leur productivité et continuer à se développer, les entreprises du secteur tertiaire sont aujourd'hui celles qui investissent le plus. Des secteurs traditionnels, comme la banque et les assurances, gourmands en main d'œuvre et dont l'une des compétences clefs est le service client, commencent à automatiser leurs activités. Anticipant la naissance de ce nouveau marché, des géants de l'informatique ont créé pour ces industries des solutions à base d'intelligence artificielle. Les plus connues sont *Amélia* et *Watson*.

LES GÉANTS DE L'INFORMATIQUE ONT CRÉÉ POUR L'INDUSTRIE DES SERVICES DES SOLUTIONS À BASE D'INTELLIGENCE ARTIFICIELLE : AMÉLIA ET WATSON.

L'enjeu pour les acteurs traditionnels est de résister à l'arrivée de nouveaux acteurs qui n'ont pas à gérer d'importants effectifs. Des start-up peuvent se lancer dans des services bancaires ou assurantiels avec un minimum de charges de fonctionnement et proposer des services de qualité à des milliers de clients en se basant sur un algorithme ou demain sur une intelligence artificielle. Pensez au groupe *LesFurets.com* qui a conquis le secteur de l'assurance en seulement quelques années en s'imposant comme un intermédiaire commercial incontournable.

On peut également se souvenir de l'arrivée du trublion *Free* dans le secteur des Télécoms. Avec une structure beaucoup plus légère, *Free* a réussi un véritable hold-up sur les abonnés de ses concurrents et notamment du mastodonte *Orange* anciennement *France Telecom.* Ce dernier avait parmi ses employés plusieurs milliers de salariés, dont certains avaient encore le statut de fonctionnaire. Ce type de distorsion de concurrence crée des leviers extraordinaires de développement pour les nouveaux entrants.

WATSON

WATSON est une IA (intelligence artificielle) conçue par IBM dans le but de répondre à des questions formulées en langage naturel. Watson est capable de répondre à des questions posées par des êtres humains, de rechercher des informations pour eux et de leur faire des propositions concrètes destinées à répondre à leurs besoins. Watson est ainsi capable de proposer une solution de crédit adaptée à un client qui souhaite faire sa demande sur Internet ou lui proposer un contrat d'assurance en fonction des risques qu'il souhaite couvrir.

Orange, l'opérateur de téléphonie, a lancé récemment Orange Bank. Pour booster ses ventes et limiter les charges de personnel tout en recourant à une solution innovante, Orange, qui est un nouvel acteur dans le secteur bancaire, confie le soin à WATSON de vendre des crédits à la consommation à ses clients. Le Crédit Mutuel, un acteur traditionnel du secteur bancaire, veut quant à lui étendre leur usage pour permettre à ses chargés de clientèle d'accéder plus rapidement aux caractéristiques des offres de crédit à la consommation et de prévoyance.

En 2018, un an après ses débuts dans les banques françaises, WATSON est en passe de franchir une nouvelle étape. Ayant prouvé son efficacité pour répondre aux questions quotidiennes des clients - sur la mise en opposition d'une carte bancaire ou sur l'usage du paiement mobile, Orange Bank se prépare à lui confier des fonctions commerciales, tandis que le Crédit Mutuel cherche à étendre ses fonctionnalités auprès de ses collaborateurs. La technologie est en train de pénétrer ces deux entreprises à grande vitesse et nous ne sommes qu'au début.

Il faut regarder la vérité en face. Dans un secteur qui devient plus concurrentiel, les nouveaux acteurs et les acteurs historiques ont tout intérêt à recourir à ces nouvelles technologies et ce, sur fond de changement des habitudes culturelles des clients plus jeunes et plus acculturés à l'usage d'Internet et des nouvelles technologies. Les effets sur l'emploi vont être massifs… La plupart des grandes banques ont annoncé ces derniers mois des plans de réduction des effectifs et de fermetures de leurs agences physiques pour accompagner cette révolution digitale.

La révolution qui touche les banques et les assurances touche en réalité tout le secteur des services. Nous avons déjà évoqué la distribution, la logistique, le commerce, les services juridiques et peut-être demain la santé etc. Tous les secteurs sont en fait concernés et à terme, ils seront tous transformés par l'automation. Ce phénomène est alimenté par un phénomène psychologique et social que j'appelle « la tentation de l'automation » et qui renvoie à la propension des décideurs à automatiser au maximum leurs activités.

La « tentation de l'automation » s'appuie sur trois facteurs incitatifs :

- **Le premier facteur est de nature économique :** le coût de la main d'œuvre est élevé dans les pays industrialisés et notamment en France. Dans les coûts, j'inclus les coûts directs liés aux rémunérations et charges afférentes et les charges indirectes (immobilier, matériel, frais de gestion du personnel etc.). Le coût élevé de la main d'œuvre incite les décideurs à réduire leur masse salariale, à limiter leur recrutement et à remplacer leurs salariés par des systèmes automatisés.
- **Le deuxième facteur est de nature culturelle :** les consommateurs sont de plus en plus habitués à utiliser des robots. Un nombre croissant d'êtres humains préfèrent maintenant interagir avec une machine plutôt qu'avec un être humain dans de nombreuses situations de consommation. Beaucoup d'acheteurs sur Internet aiment ce mode de consommation car ils ne sont

pas dérangés par un vendeur dans leurs achats. Les consommateurs sont demandeurs de robots.

- **Le troisième facteur est de nature sociale :** les individus ont de moins en moins envie de travailler en tout cas de travailler selon les modalités classiques du travail. Il y a une désaffection claire pour les responsabilités, l'effort et la contrainte. L'envie d'échapper aux contraintes physiques et temporelles du travail invite les acteurs à automatiser leurs activités et en premier lieu les chefs d'entreprise dont les fonctions sont les plus contraignantes.

Ces trois facteurs créent un environnement qui favorise l'automation. Il ne manque plus qu'un ingrédient à cette cuisine socio-économique : mettre en relation la demande de robots avec une offre de robots adaptée. Lorsque la demande et l'offre de robots se rencontreront, le phénomène d'automation deviendra massif. De nombreuses activités économiques seront automatisées et ce, dans tous les secteurs permettant l'émergence d'un monde nouveau très différent de ce que nous connaissons aujourd'hui.

Prévisions sur l'automation

Une étude du Boston Consulting Group prévoit que le pourcentage des tâches de fabrication confiées à des robots va passer de 10% aujourd'hui à 25% d'ici à 2025. McKinsey & Company estime que si un niveau idéal d'automatisation pouvait être atteint, ce seraient près de 50% de tous les employés à temps plein dans ces opérations qui pourraient être relevés de leurs tâches. Le McKinsey Global Institute précise que l'automatisation du travail se classe n°2 sur la liste des technologies perturbatrices censées transformer les opérations commerciales d'ici 2025. La plupart des emplois qui existent aujourd'hui (plus de 100 millions) n'existeront plus d'ici là.

3 LA RÉVOLUTION DES ROBOTS DU POINT DE VUE DES ÉTATS

Pour les États, la robotisation est une révolution paradoxale et pour les décideurs politiques, il n'est pas aisé de prendre une position claire sur ce thème sensible. En effet, d'un côté l'automation est un facteur de croissance économique par l'amélioration de la productivité. D'un autre côté, c'est un facteur perturbateur du marché de l'emploi. L'automation détruit des emplois par milliers, et si elle en crée, ils ne sont pas de même nature, ne réclament pas le même niveau de qualification et ne sont pas forcément localisés dans la même région.

QUE FERA-T-ON PAR EXEMPLE DES CENTAINES DE MILLIERS DE CHAUFFEURS ROUTIERS QUAND ILS SERONT REMPLACÉS PAR DES VÉHICULES AUTONOMES ?

Les États, plus spécifiquement les grandes démocraties, se retrouvent donc dans une position presque schizophrène. D'une part, il leur faut absolument favoriser l'automation de façon à générer de la croissance économique et ainsi maintenir le pays dans la compétition internationale. D'autre part, ils ont à protéger les populations dont l'emploi et donc la vie est menacée par l'automation. Enfin, une fois les emplois détruits, ils doivent « gérer » la colère et les difficultés de tous les travailleurs qui ont perdu leur emploi[72].

Les grandes démocraties, notamment les pays très endettés comme la France où sévit de surcroît un chômage de masse, ont du mal à fixer des orientations claires en la matière. Contre la tentation de l'automation, c'est souvent la « tentation du repli » qui s'impose. La « tentation du repli » consiste pour un État à mettre en œuvre tous les moyens possibles (réglementations, normes, taxes etc.) pour limiter la pénétration des nouvelles technologies dans l'économie et ce, afin de préserver les emplois assurés par des êtres humains.

Le problème est qu'à terme, ce type de politique affaiblit l'économie nationale. Les salariés n'acquièrent pas de nouvelles compétences, les entreprises et l'État en question ne font plus de gains de productivité. Progressivement, l'économie se délite car les acteurs agissent en suivant leurs stratégies propres sans être intégrés dans un mouvement d'ensemble coordonné. Dit autrement, ce type de situations favorise l'égoïsme et la cacophonie. Sur le bateau État, tous les rameurs ne rament pas dans la même direction.

---

[72] Dans l'histoire des peuples, les « immigrés » ont traditionnellement été désignés comme les responsables du chômage et des difficultés d'un pays. L'automation vient changer la donne et il y a fort à parier que demain ce soient les robots qui seront désignés comme les boucs émissaires des difficultés d'un pays.

SANS ORIENTATION CLAIRE, ON TOMBE DANS LA CACOPHONIE DES INITIATIVES PARTICULIÈRES, ACCÉLÉRANT ET FREINANT TOUR À TOUR LE PROCESSUS D'AUTOMATION.

Je suis convaincu que l'automation est l'opportunité de redonner un « coup de fouet » aux vieilles économies et de créer une convergence créatrice. De mon point de vue, l'automation doit d'abord être impulsée par l'État au sein de ses propres services. C'est en faisant des gains de productivité majeurs dans les services publics que l'on peut réduire le poids des taxes et des charges qui pèsent sur les entreprises et les individus et leur apporter ainsi « l'oxygène financier » dont ils ont besoin pour se développer et croître[73].

Ceci est d'autant plus vrai qu'un niveau élevé de charges sociales et de taxes incite les entreprises à délocaliser et à automatiser ou provoque leur mort prématurée dans la « guerre mondiale » qui les oppose aujourd'hui. Le niveau de productivité dans les services publics a un impact direct sur le niveau de destruction d'emplois dans le secteur privé. Moins les services publics sont automatisés, moins ils sont performants, plus ils sont coûteux et donc liés à un niveau élevé de prélèvements fiscaux et sociaux. C'est un cercle vicieux.

---

73 Des salariés moins taxés ont les moyens de prendre des initiatives individuelles comme le fait d'investir dans une formation ou de créer une entreprise. À l'inverse, des salariés fortement taxés n'ont pas de marge de manœuvre. Ils sont dépendants de l'État pour conduire leur vie. La question est : l'État souhaite-t-il vraiment des individus plus libres ?

Tout en robotisant les services publics, l'État peut encourager l'automatisation dans le secteur privé de différentes manières : structuration d'une filière industrielle dédiée à la robotique, incitation fiscale à l'automation et à la formation, création de pôles d'excellences dans les universités, réorganisation de « l'appareil de formation » etc. Ces deux politiques menées en parallèle vont stimuler l'automation et provoquer un « choc de productivité » qui apportera ensuite la croissance économique et sociale au pays.

Le plan de la Chine

En 2017, la Chine a fabriqué au total 120 000 robots, soit une augmentation de 66% par rapport à 2016. Cette croissance est révélatrice de la stratégie du gouvernement chinois en matière de politique industrielle. La Chine vise à devenir la première puissance économique mondiale et pour cela, elle s'appuie sur une stratégie à plusieurs dimensions dont la robotique constitue l'un des axes centraux et ce, alors que les coûts de la main d'œuvre restent relativement faibles dans ce pays. En 2018, environ un tiers de la production mondiale de robots est destiné à un client chinois.

QUESTION ÉCONOMIQUE ET SOCIALE :

EST-CE QUE LES CONSOMMATEURS VEULENT ENCORE ACHETER À DES ÊTRES HUMAINS ?

Carl Gustav Jung, éminent psychologue du XXème siècle, a développé un modèle de la personnalité qui distingue deux grands types d'individus : les *Introvertis* et les *Extravertis*. Les *Introvertis* préfèrent[74] avoir un minimum de contacts humains. Ils sont concentrés sur leur monde intérieur où ils puisent leur énergie. À l'inverse, les *Extravertis* sont tournés vers le monde extérieur. Ils préfèrent avoir un maximum de contacts humains. Les *Introvertis* préfèrent interagir avec des gens qui leur ressemblent et les Extravertis avec des gens différents.

Si l'on suit ce modèle, on comprend aisément que les *Introvertis* préfèrent naturellement acheter à un

[74] La notion de préférence renvoie au fait que si une personne a le choix entre deux comportements et qu'aucune contrainte ne s'exerce contre elle, elle choisira naturellement le comportement qui lui correspond.

robot (sur Internet par exemple) .... Les *Extravertis*, eux, préfèrent naturellement acheter à un vendeur humain. Si les *Introvertis* fuient les centres commerciaux et les centres-villes, les *Extravertis* s'y pressent par petits groupes le week-end venu. Le commerce de détail, en boutique physique, bruyant, nécessitant des déplacements et des interactions avec d'autres êtres humains, est structurellement destiné aux *Extravertis*.

CERTAINS CONSOMMATEURS PRÉFÈRENT ACHETER À DES ROBOTS QU'À DES ÊTRES HUMAINS.

On estime[75] à environ 52,5% le pourcentage d'Introvertis dans les sociétés occidentales. Cela signifie que cette population déserte les centres commerciaux et les centres urbains pour se tourner naturellement, pour des raisons psychologiques, vers des processus d'achats automatisés... Ce que je veux dire à travers cette réflexion, c'est que si le commerce électronique connaît un si grand succès, ce n'est pas uniquement pour des raisons économiques (prix plus bas, offres plus importantes, ouverture 24h/24h - 7j/7j, etc.) mais aussi pour des raisons psychologiques.

Le commerce électronique est en fait venu répondre à une demande insatisfaite de plus de la moitié de la

[75] Ces chiffres sont à prendre avec précaution. S'ils semblent confirmés par l'expérience, il n'existe pas d'études scientifiques pour les confirmer.

population des pays industrialisés qui souhaite depuis toujours (sans le savoir puisque l'offre n'existait pas) acheter des produits et des services sans avoir à se déplacer et à interagir avec des êtres humains... Bien que cela paraisse difficilement concevable sur le plan des valeurs et des idéaux de notre société (défendus par des *Extravertis*), il existe des êtres humains (et ils sont nombreux) qui ne recherchent pas forcément le contact avec leurs congénères.

CERTAINS CONSOMMATEURS ATTENDENT DEPUIS TOUJOURS (SANS LE SAVOIR) UN COMMERCE SANS INTERRACTIONS SOCIALES.

L'enjeu, vous l'aurez compris, est maintenant pour les acteurs du commerce en ligne de séduire les *Extravertis* en apportant des processus d'achat plus interactifs et plus humanisés sans pour autant faire fuir les *Introvertis*. Et pour les acteurs du commerce physique, il s'agit de proposer de nouveaux parcours d'achats plus adaptés aux *Introvertis* avec un nombre d'interactions plus faible. Comment séduire cette clientèle qui n'apprécie pas particulièrement de se déplacer et d'interagir avec un vendeur ?

QUESTION ÉCONOMIQUE ET SOCIALE :

EST-CE QUE LES CHEFS D'ENTREPRISE[76] VEULENT ENCORE TRAVAILLER ?

Dans le livre *La semaine de 4 heures*, l'auteur et chef d'entreprise américain Timothy Ferriss raconte comment il a fait de son entreprise de vente de produits diététiques un système automatisé destiné à générer du profit. Ce qui est intéressant dans ce livre au-delà des conseils pratiques que l'on peut en tirer, c'est la vision du bonheur et de la réussite qui y est décrite. Ce livre, vendu à plusieurs centaines de milliers d'exemplaires dans plus de trente pays, est révélateur d'une mentalité nouvelle qui émerge chez les entrepreneurs.

---

[76] On pourrait également formuler cette question : est-ce que les chefs d'entreprise veulent encore des salariés ? L'expérience montre que la plupart des personnes qui créent une entreprise aujourd'hui n'aspirent pas forcément à employer des salariés. Employer des salariés apparaît comme une contrainte et comporte des risques juridiques, fiscaux et sociaux non négligeables qui découragent beaucoup de jeunes chefs d'entreprise d'embaucher leur premier salarié.

Les entrepreneurs d'autrefois étaient des notables. Ils avaient pour objectif de développer leur entreprise, ce qui leur permettait, fortune faite, d'être reconnus pour leur réussite. Cela leur assurait une place particulière dans la société (ville, État etc.). Pour cela, ils étaient prêts à travailler dur et à endosser de lourdes responsabilités. Je ne connais pas de métiers qui possèdent plus de contraintes que celui de chef d'entreprise. Le chef d'entreprise avait une forme de responsabilité sociale, de rôle à jouer au-delà de sa dimension économique.

AUTREFOIS LE CHEF D'ENTREPRISE AVAIT UNE RESPONSABILITÉ SOCIALE, UN RÔLE À JOUER AU-DELÀ DE SA DIMENSION ÉCONOMIQUE.

La vision à la fois nouvelle et très séduisante de Timothy Ferriss est tout autre. Dans le monde de Timothy Ferriss, les entrepreneurs sont libérés de toutes contraintes (horaires, financières, géographiques). Ils n'ont plus de responsabilités managériales ou de rôles à jouer au sein de leur communauté. Ils ne cherchent pas la notoriété ou à devenir des super-riches. Non, ce qu'ils recherchent, c'est la liberté. Et pour atteindre cet objectif, Timothy Ferriss nous donne la solution : l'automatisation de tous les processus.

Le rêve de Timothy Ferriss est de ne pas travailler plus de 4 heures par semaine et il semble y parvenir.

Au lieu de travailler, il apprend le tango en Argentine ou pratique les arts martiaux en Asie. Il mène une vie libre, voyageant partout dans le monde, générant avec son entreprise suffisamment de profits pour s'offrir une vie confortable et sans contraintes. Il est libéré de toute responsabilité, cherchant avant tout son propre bonheur. Cette vision me semble prophétique de ce qui va arriver avec les robots.

LES CHEFS D'ENTREPRISE DE DEMAIN CHERCHERONT À CRÉER DES ENTREPRISES SANS SALARIÉS.

Il y a fort à parier que les chefs d'entreprise de demain chercheront avant tout, non plus à créer des entreprises avec des salariés, mais plutôt à créer des systèmes totalement automatisés. Les futurs chefs d'entreprise ne manageront que des robots. Et pourquoi feront-ils cela ? Parce qu'ils ne veulent plus avoir à être responsables du destin d'autres personnes. Ils ne veulent pas avoir à gérer les états d'âmes, les problèmes ou les difficultés d'autres personnes. On dit que la mentalité des salariés a changé, celle des entrepreneurs aussi.

Les futures entreprises seront sans humains car elles permettront à leurs propriétaires de vivre libres. En effet, 90% des contraintes d'un chef d'entreprise sont liées à son ou ses salariés. En France, l'essentiel des charges fixes qui pèsent sur le compte d'exploitation, ce sont les salaires et les charges afférentes. Si vous supprimez les salariés, vous obtenez un système ultra-rentable et pour peu que vos objectifs restent modestes (ce que prône Ferris), vous pouvez en vivre confortablement. Bien sûr, vous ne développez plus la société autour de vous…

LES HOMMES ET LES FEMMES POLITIQUES SE TROUVENT FACE À UN DÉFI DE TAILLE : COMMENT RÉCONCILIER LES CHEFS D'ENTREPRISE AVEC LE SALARIAT ?

Les hommes et les femmes politiques se trouvent face à un défi de taille : comment réconcilier les chefs d'entreprise avec le salariat ? Comment faire en sorte de donner envie aux chefs d'entreprise d'embaucher et non pas de diriger à la place des structures totalement automatisées où ne travailleront que des robots. Relever ce défi est indispensable pour résoudre le problème du chômage car si les chefs d'entreprise n'embauchent pas et cherchent seulement à développer des entreprises sans employés, le système social ne pourra plus fonctionner.

QUESTION ÉCONOMIQUE ET SOCIALE :

DOIT-ON ACCEPTER QU'IL Y AIT DES POPULATIONS PERDUES ?

La Chine a placé au cœur de sa stratégie de croissance la robotisation. Cette décision, on peut en faire l'hypothèse, est liée à une prise de conscience du gouvernement chinois. Je connais très bien ce pays et sa culture pour y avoir consacré près de deux ans de ma vie. Les Chinois ont une vision des rapports humains très différente de celle que l'on trouve en Occident. Pour eux, un être humain ne l'est vraiment que s'il appartient à une certaine catégorie sociale. Les êtres humains des classes inférieures ne sont pas considérés comme tels.

Je suspecte que le projet de robotisation de l'économie impulsé par le gouvernement chinois soit lié à la prise de conscience de ce dernier qu'il ne parviendra pas à développer l'intégralité du pays… Les populations de l'ouest de la Chine, éloignées des grandes métropoles et trop peu qualifiées ne connaîtront sans doute jamais le miracle économique chinois, tout simplement parce qu'il n'y aura jamais de travail pour elles. Et ce, pour la simple et bonne raison que « le plus grand atelier du monde » va devenir une gigantesque usine automatisée.

LE PLUS GRAND ATELIER DU MONDE VA DEVENIR UNE GIGANTESQUE USINE AUTOMATISÉE.

Mes propos peuvent sembler excessifs, mais lorsque vous voyagez dans le monde, vous ne pouvez constater qu'une chose : il existe dans le monde, notamment en Chine et en Inde, des réservoirs immenses de main d'œuvre à bas coût mais dont le niveau de qualification est si faible qu'elle ne parviendra tout simplement jamais à accéder à un travail moderne. L'idée selon laquelle les populations s'élèveraient par le travail est une idée qui est malheureusement morte avec l'émergence de la robotique et de l'automation.

Dans les grandes démocraties occidentales, le niveau de qualification est certes beaucoup plus élevé mais une frange non négligeable de la population demeure peu qualifiée. Pour rappel, en France, près de 250 000 jeunes sortent chaque année du système scolaire sans aucune qualification. Selon l'Insee, 2,5 millions des 18-65 ans étaient illettrés en 2011 en métropole, soit 7% de la population. Comment donc parvenir à intégrer sur le marché du travail des personnes sans aucune qualification dont une part importante ne maîtrise même pas les fondamentaux de la langue ?

LA VÉRITÉ EST QUE DES POPULATIONS ENTIÈRES N'ONT PAS LE NIVEAU DE QUALIFICATION REQUIS POUR INTÉGRER LE MARCHÉ DU TRAVAIL DE DEMAIN.

La vérité est que nous avons affaire à des populations entières dans les pays industrialisés et dans les pays émergents qui n'ont et n'auront sans doute jamais le niveau de qualification requis pour s'intégrer sur le marché du travail de demain. On parle souvent de personnes éloignées de l'emploi. Mon sentiment à ce sujet est que les efforts de formation qui sont faits sont souvent vains, car l'emploi s'éloigne plus vite des personnes qu'il ne les en rapproche grâce à la formation. Les lacunes sont bien trop grandes au départ pour parvenir à rattraper le retard.

Faut-il faire comme la Chine et considérer ces populations comme perdues ? Ou faut-il continuer à investir massivement en formation sur des populations dont on sait par avance que de toute façon la marche sera toujours trop haute à atteindre ? Quelle politique imaginer, quels moyens pédagogiques mettre en œuvre, comment faire pour continuer à croire dans un système qui élève l'individu et lui permet de s'intégrer à la société par le travail ? Ou doit-on inventer de nouvelles formes d'intégration sociale autres que le travail[77] ?

OÙ ET SUR QUI DOIT-ON CONCENTRER LES EFFORTS DE FORMATION ?

À court terme et d'une façon concrète, la question est : doit-on concentrer l'effort de formation sur les populations déjà qualifiées et qui sont capables de monter en compétences ? Ou doit-on concentrer tous les efforts sur les populations les plus fragiles ? Ma tête me pousse à choisir la première option car c'est de loin la plus rationnelle et la plus efficace sur le plan économique. Mon cœur me pousse quant à lui à choisir la seconde parce qu'il est difficile de se résigner à laisser sur le bord de la route toute une partie de la population.

[77] Nous nous trouvons sans doute à un moment-clef de l'histoire des sociétés modernes. Dans les sociétés industrielles actuelles, l'intégration sociale est réalisée par l'école et par le travail mais en sera-t-il de même demain ? N'existe-t-il pas d'autres moyens d'intégrer et de faire contribuer les individus à la société ? La capacité à réinventer nos formes d'organisation sociale sera déterminante pour réussir le passage d'une société industrialisée à une société robotisée.

CE QUE PEUVENT FAIRE LES SALARIÉS POUR S'ADAPTER À LA RÉVOLUTION DES ROBOTS

« Nous devons utiliser le temps comme outil et non comme repose-pied. »

JOHN FITZGERALD KENNEDY

•••

Précédemment, nous avons évoqué pour les salariés les grandes stratégies d'adaptation à la révolution des robots. Il convient maintenant d'envisager ce défi sous un angle pratique. Le but de cet ouvrage n'est pas juste de comprendre le phénomène des robots, c'est aussi et surtout de suggérer des propositions concrètes pour s'y adapter. Je vais vous présenter maintenant ce qui me semble être la meilleure stratégie à mettre en œuvre lorsqu'on est salarié et que l'on souhaite faire de la révolution des robots une opportunité professionnelle et personnelle.

COMMENT CONSTRUIRE SA LIBERTÉ ET SA SÉCURITÉ PROFESSIONNELLES EN PÉRIODE D'AUTOMATION ?

Mes propos s'appuient sur une expérience de quinze ans dans le conseil en évolution professionnelle. Au sein du groupe Orient'Action®, j'ai accompagné avec mes équipes plusieurs milliers de salariés dans leur projet de reconversion. Ces salariés entreprenaient cette démarche volontairement ou à la suite d'un licenciement pour raisons économiques. Tous les âges et toutes les catégories socioprofessionnelles étaient représentés. Ils étaient issus du secteur privé comme du secteur public.

Pour être appliquées, mes propositions nécessitent une attitude proactive. Je considère qu'un salarié ne doit rien attendre de l'État ou de son employeur. Un salarié doit d'abord attendre de lui-même. En revanche, il doit savoir utiliser les ressources mises à sa disposition par l'État et son employeur pour piloter sa carrière, financer sa formation et atteindre ses objectifs. De mon point de vue, peu de choses distinguent le salarié de l'entrepreneur. Pour tirer profit de la révolution des robots, il faut être entreprenant.

1 ÉTAPE 1 : FAIRE UN BILAN DE COMPÉTENCES

Le bilan de compétences est une prestation utile, mais parfois mal utilisée. Les salariés recourent au bilan de compétences trop souvent en dernier recours, lorsqu'ils se sentent perdus ou en difficulté. Le bilan de compétences doit pourtant être utilisé de façon proactive. C'est quand tout va bien qu'il faut faire un bilan de compétences. Une carrière se pilote plus comme un cargo que comme un vélo. Dit autrement, pour changer de direction et arriver à bon port, mieux vaut réaliser les manœuvres longtemps à l'avance !

CHAQUE SALARIÉ EST LE CAPITAINE DE SON « BATEAU CARRIÈRE ». ET CE BATEAU SE PILOTE EN MANŒUVRANT LONGTEMPS À L'AVANCE.

Un bilan de compétences permet à un salarié d'aborder deux sujets essentiels : celui de ses aspirations et celui de ses compétences. Les aspirations du salarié sont au cœur du processus. Les aspirations, pour reprendre la métaphore précédente, c'est le moteur du bateau, c'est ce qui fait avancer la personne, ce qui la motive, ce qui lui donne envie de se lever le matin, de faire des efforts, de se confronter à des situations difficiles ou inconfortables comme apprendre, se former, se lancer des défis professionnels ou personnels. Bref, c'est de l'énergie.

Les salariés ont des aspirations professionnelles et personnelles très diverses, mais on peut dégager des grandes tendances des accompagnements que nous réalisons. Ce qui caractérise les salariés du début du XXIème siècle, ce sont les aspirations au bien-être, au juste équilibre entre vie professionnelle et vie personnelle, à avoir un métier qui a du sens, qui est en accord avec leurs valeurs et leur personnalité. Les salariés d'aujourd'hui sont clairement en quête d'épanouissement personnel, de plaisir et de réalisation de soi par le travail.

LES SALARIÉS DU DÉBUT DU XXIème SIÈCLE SONT EN QUÊTE D'ÉPANOUISSEMENT PERSONNEL MAIS CONSCIENTS DE LEUR DÉSIR D'AISANCE ET DE SÉCURITÉ FINANCIÈRES.

Cette quête d'épanouissement est concomitante au désir d'aisance financière. Les salariés veulent s'épanouir, mais ils veulent aussi avoir une rémunération qui leur permette non seulement de subvenir à leurs besoins fondamentaux (logements de qualité, transports, études des enfants) mais aussi de se faire plaisir (avoir des loisirs, pouvoir partir en vacances et pourquoi pas faire des voyages...). Ils sont conscients que pour obtenir cela, ils doivent avoir un travail sûr dans une entreprise solide et que ce travail leur demande des efforts.

L'automation est une opportunité pour tous les salariés dans le sens où elle doit permettre aux entreprises de faire des gains de productivité. Les entreprises qui réalisent des gains de productivité emploient moins de salariés pour réaliser le même travail. Elles améliorent donc leurs profits et peuvent donc mieux rémunérer leurs salariés. Les grands gagnants de ce processus sont les salariés qui participent à cette transformation. Ce sont eux qui conçoivent, installent, pilotent, gèrent ou utilisent au quotidien des robots.

L'AVENIR, CE SONT DES ENTREPRISES AVEC MOINS DE SALARIÉS MAIS DES SALARIÉS QUI TRAVAILLENT MOINS ET QUI SONT MIEUX RÉMUNÉRÉS.

Il est nécessaire pour les salariés qui veulent participer à cette « transformation digitale[78] » de réaliser un « saut de qualification ». Il leur faut acquérir de « l'agilité digitale »[79]. Les salariés qui possèdent cette agilité se rendront rapidement indispensables à leur entreprise. Ils pourront alors négocier une rémunération et une organisation de leur temps de travail qui leur permettra de répondre à leurs aspirations. Leurs compétences leur permettront de préserver leur emploi. C'est l'action et la connaissance qui leur garantiront la liberté et la sécurité professionnelles.

C'EST LE NIVEAU DE FORMATION ET DE QUALIFICATION QUI DISTINGUERA LES GAGNANTS DES PERDANTS DE LA RÉVOLUTION DES ROBOTS.

À l'inverse, les salariés mal préparés, pas suffisamment formés, réticents ou qui ont des difficultés dans l'usage du numérique risquent de se retrouver sur la touche. D'abord, ils seront écartés des fonctions régaliennes de l'entreprise. Ensuite, leur fonction sera externalisée ou remplacée par

---

[78] La « transformation digitale » désigne le processus qui consiste, pour une organisation, à intégrer pleinement les technologies digitales dans l'ensemble de ses activités (marketing, vente, communication interne, stockage des données, suivi de la qualité, management et ressources humaines). Cette transformation doit s'accompagner du développement d'une « culture digitale » permettant l'appropriation des outils par les salariés.

[79] « L'agilité digitale » correspond au niveau d'aisance d'une personne dans l'usage des outils digitaux. Cette aisance implique des compétences physiques (dextérité des doigts pour manipuler les appareils comme les smartphones, les tablettes ou les ordinateurs personnels), des compétences intellectuelles (vitesse de traitement de l'information, capacités attentionnelles pour inhiber les informations perturbatrices) et des compétences transverses comme la capacité à se repérer dans un environnement virtuel et trouver les ressources utiles.

un robot. Le risque principal pour ces salariés est à terme un risque de déclassement social. Ces salariés doivent réagir maintenant. Il n'existe aucun retard qui ne puisse être rattrapé mais une chose est certaine : cela demande des efforts conséquents.

Cela fait longtemps que je suis allé à l'école...

Un cadre me parlait récemment de sa situation professionnelle. Cadre administratif et financier dans un grand groupe, qu'il avait quitté dans un contexte économique difficile (Plan de Départ Volontaire), il venait de se faire embaucher dans une belle PME comme manager du service facturation.

Lors de sa période de recherche d'emploi, il avait candidaté à plusieurs reprises sur des postes de contrôleur de gestion mais les recruteurs l'avaient jugé insuffisamment qualifié. Leur cible était une personne très qualifiée, titulaire d'un BAC+5 avec 5 ans d'expérience.

Ce cadre avait un BAC+3 et 10 ans d'expérience mais sans jamais avoir occupé un métier très spécialisé. Pour atteindre ses objectifs professionnels, il lui aurait donc fallu repartir en formation. Il évoquait alors son manque de motivation pour reprendre une formation.

Il ne se voyait pas « retourner sur les bancs de l'école » et l'idée de l'autoformation ne le séduisait pas non plus. Le week-end, il préférait s'occuper de ses filles et consacrer son temps libre à ses loisirs. Il n'avait plus envie de faire l'effort d'apprendre.

On peut comprendre cette réticence. Elle est légitime. Seulement, ce type d'attitude n'est pas à même de lui faire prendre une spirale professionnelle ascendante, surtout dans un contexte de révolution digitale qui voit le nombre de managers se réduire...

Car c'est en se formant et en apprenant tout au long de la vie que l'on maintient son employabilité, son attractivité et que l'on assure sa liberté et sa sécurité professionnelles. Il y a trois façons de réussir professionnellement : apprendre, apprendre et apprendre.

IL Y A TROIS FAÇONS DE RÉUSSIR PROFESSIONNELLEMENT : APPRENDRE, APPRENDRE ET APPRENDRE.

La deuxième étape du bilan de compétences consiste à analyser les compétences du salarié. Il s'agit moins de réaliser une photographie des compétences acquises par le passé que de se projeter dans l'avenir pour identifier les compétences à acquérir. Le raisonnement est le suivant : tout individu possède des potentiels. Ces potentiels correspondent à certaines aptitudes naturelles, capacités innées ou développées au cours de son enfance et de sa vie d'adulte et dans lesquelles il a certaines prédispositions à exceller.

Une personne qui aime taper à l'ordinateur et qui s'amuse à taper à l'ordinateur des textes pendant une heure chaque jour durant dix ans de sa vie va développer une capacité d'écriture. Cette capacité d'écriture constitue un potentiel. Si demain cette personne apprend un langage informatique, elle sera capable de développer des programmes informatiques plus rapidement que beaucoup d'autres personnes car elle a en elle une disposition pour taper du code[80]. Imaginez les résultats d'une personne qui n'a jamais tapé à l'ordinateur…

Une personne qui aime bricoler et passe tous ses week-ends à rénover des maisons possède un potentiel dans toutes les activités qui nécessitent une dextérité manuelle. « L'intelligence de ses mains » la rend capable de manipuler des objets pour les réparer ou les transformer. Cette personne ferait sans doute, après une formation théorique et pratique, un excellent agent de maintenance sur des robots mécaniques. Car elle possède déjà la dextérité nécessaire. Imaginez une personne qui n'a jamais touché un tournevis de sa vie…

POUR S'EXPRIMER, UN POTENTIEL A BESOIN D'ÊTRE OPÉRATIONNALISÉ GRÂCE À UNE FORMATION THÉORIQUE ET PRATIQUE.

Tout potentiel a besoin d'être opérationnalisé. Pour cela, il faut une formation théorique et pratique. La théorie permet de comprendre ce que l'on accomplit et donc de progresser plus vite dans l'apprentissage. Elle permet aussi d'échanger

---

80 La langue n'est qu'un code.

avec ses pairs. La pratique permet quant à elle d'acquérir des savoir-faire. Mais attention : sans potentiel, ces formations sont inutiles ou alors elles n'engendrent que des employés médiocres. Or à l'avenir, les entreprises et les administrations emploieront de moins en moins d'employés médiocres.

Pour bien comprendre mon propos, il suffit d'établir une comparaison avec le sport. Prenez l'exemple du basket : vous avez plus de chances de devenir un excellent joueur de basket si vous êtes très grand que si vous êtes petit. La taille c'est votre potentiel et l'entraînement c'est la formation. Idem, un coureur de marathon a plus de chances de battre des records s'il mesure 170 cm et possède un physique fluet que s'il mesure 2 mètres et pèse 120 kg. Ce dernier ferait en revanche un excellent judoka.

PARMI LES POTENTIELS, ON TROUVE ÉGALEMENT UNE DIMENSION LIÉE AUX CAPACITÉS PHYSIQUES OU INTELLECTUELLES.

Certains potentiels sont totalement invisibles car ils reposent sur les capacités neuronales des individus. La vitesse de traitement de l'information, la logique, la mémorisation, les capacités de raisonnement critique, l'intelligence spatiale.... Toutes ces capacités cérébrales sont le résultat d'un potentiel qui a été développé par l'individu au cours de sa vie par la répétition de tâches et d'opérations. Une personne peut sans cesse rechercher de « l'excitation cérébrale » et ainsi stimuler son cerveau pour le développer.

Le fait de vouloir toujours apprendre, de se montrer curieux de tout, de voyager dans des endroits inconnus ou différents, de lire des livres, d'apprendre des langues étrangères, de se lancer dans des défis sportifs ou professionnels toujours nouveaux, sont autant d'actions qui développent les capacités cérébrales de l'individu. À l'inverse, certaines personnes tombent dans la routine et répètent inlassablement les mêmes gestes dans une vie sans aspérités. Elles ne développent plus leurs capacités et ont même tendance à régresser avec l'âge[81].

CEUX QUI N'AVANCENT PLUS RECULENT !

Cela veut dire que le potentiel de ces personnes s'amenuise avec le temps. Plus vous avez de connaissances et plus il est facile d'apprendre et inversement. Le problème pour ces personnes est que, progressivement, elles s'éloignent sans s'en apercevoir de l'emploi. Et cette situation ne concerne pas que des employés de base. Elle concerne aussi les cadres de tous les niveaux. Le temps où l'on réussissait dans les entreprises grâce à l'ancienneté est définitivement révolu. Ceux qui n'avancent plus reculent !

2 ÉTAPE 2 : SE FORMER

Lors de son bilan de compétences, le salarié définit un projet professionnel. Ce projet est construit sur la base de l'analyse

[81] Cette remarque m'a été rapportée très récemment par deux enseignants qui m'expliquaient avoir le sentiment de régresser dans leur discipline avec l'âge, du fait de la répétitivité des cours.

de ses aspirations et de ses potentiels. Le projet doit être équilibré, tenant compte à la fois des « rêves » professionnels (et personnels) du salarié qui sont la source d'énergie la plus puissante qui soit, et de ses potentialités réelles. Le travail du consultant qui accompagne le salarié est délicat car il doit lui permettre de réaliser ses « rêves » tout en lui renvoyant une image objective de ses capacités afin que le projet soit réaliste.

Longtemps, j'ai considéré que toutes les personnes avaient les mêmes capacités. Je poursuivais cet idéal d'égalité que mes parents et l'école républicaine avaient inscrit en moi. De mon point de vue, seule la volonté et l'effort distinguaient un individu d'un autre. Je ne voyais pas les situations qui venaient démentir cette croyance. De mon point de vue, on pouvait devenir président de la République ou astronaute si on en avait envie. Il fallait juste faire ce qu'il faut pour y parvenir. Je n'ai pas abandonné cet idéal, mais mon expérience m'amène à plus de modération.

TOUTES LES PERSONNES NE SONT PAS CAPABLES D'EXCELLER DANS TOUS LES DOMAINES.

Certes, la volonté et les efforts sont déterminants mais il existe aussi des potentialités chez les individus. Certains individus ont un potentiel tel qu'ils peuvent indifféremment devenir astronaute ou président de la République. Mais d'autres ont un potentiel plus limité. Cette limitation tient à leur potentiel inné et à la manière dont ils ont « travaillé » ce potentiel tout au long de leur vie. C'est la force de l'acquis. Mais pour qu'elle s'exerce, il faut que l'individu s'investisse très tôt dans sa vie dans la croissance de ce potentiel.

Bien sûr, le fait de faire des études supérieures, de se former, de s'autoformer sont des manières de développer ce potentiel. Cela demande beaucoup d'efforts, une confrontation avec la difficulté car tout apprentissage revient à sortir de sa zone de confort, à se confronter avec son moi, et au malaise et à la honte que l'individu ne peut s'empêcher d'éprouver face à ses erreurs. Le débutant est à la fois celui qui se trompe et celui qui se trouve dans une position d'humilité devant le sachant. Cette position inconfortable est un grand frein.

L'EGO EST L'ENNEMI DE L'APPRENTISSAGE.
MAIS IL N'EST JAMAIS TROP TARD POUR APPRENDRE.

En matière de digital, ceux qui sont à la peine peuvent soit avoir manqué du matériel nécessaire, faute d'argent ou de culture informatique dans leur famille, soit parce qu'ils étaient mal à l'aise dans les premiers usages et ont préféré renoncer à faire l'effort de cet apprentissage. Il y a les décrocheurs qui ne sont pas parvenus, faute de temps, d'énergie ou d'envie à suivre les évolutions trop rapides des nouvelles technologies. Enfin, il y a les « grosses têtes » qui ont toujours considéré qu'Ils n'en avaient pas besoin…

Le bûcheron sans hache

Un jour, j'ai embauché un directeur général. Celui-ci avait de grandes capacités de persuasion et c'est ainsi qu'il me persuada de le recruter. Quelques semaines après son embauche (parce que je n'avais pas suffisamment sécurisé mon recrutement), je me suis aperçu qu'il n'avait quasiment aucune compétence informatique. Il faisait tout sur papier… Il était incapable de réaliser un tableau sur Excel ou un document propre sur Word. Il avait tout le temps des problèmes avec sa boîte e-mail et n'était pas capable de résoudre ces problèmes seul.

En l'observant et en discutant avec lui, je m'aperçus qu'un jour, dix ans plus tôt, il avait décidé de ne pas apprendre. Cela lui avait semblé trop compliqué, trop difficile et il n'avait pas envie de faire d'efforts. Dix ans plus tôt, il était directeur général d'un cabinet de recrutement, il avait une assistante qui maîtrisait parfaitement l'outil informatique et qui s'occupait de tout. Dix ans plus tard, l'assistante avait disparu. Et lui était incapable de se débrouiller tout seul. En fait, il était incapable de travailler efficacement.

Imaginez un bûcheron qui se rend dans une forêt pour travailler. L'imaginez-vous y aller sans une hache bien aiguisée ? Bien sûr que non. La hache d'un cadre ou d'un directeur général, c'est l'informatique. Ce sont des logiciels qui permettent de rédiger des documents, d'envoyer des e-mails, de créer des tableaux de reporting pour suivre l'activité et ainsi communiquer efficacement avec sa hiérarchie et ses équipes. J'éprouve de la tristesse quand je pense à cet homme car il s'était mis lui-même dans une grande difficulté et ses soucis ne faisaient que commencer.

Il y a dix ans, la compétence digitale était un plus. Il y a 5 ans, elle était recommandée. Aujourd'hui, elle est indispensable. Demain, elle sera la principale compétence à posséder. Cette compétence va devenir aussi importante pour exercer une profession que la maîtrise orale et écrite de la langue française. Pensez aux difficultés que rencontrent les personnes illettrées pour s'intégrer dans la société et vous aurez une image assez claire des difficultés que rencontreront dans cinq ou dix ans les personnes qui ne maîtrisent pas les outils digitaux.

BIENTÔT IL EXISTERA UNE NOUVELLE FORME D'ILLÉTRISME, « L'ILLÉTRISME DIGITAL ».

Tout bilan de compétences, quel que soit le projet choisi, doit contenir un plan de formation personnalisé. Ce plan de formation doit être axé pour au moins 1/3 sur des formations digitales. Que je souhaite devenir thérapeute, éducateur, chef de projet, manager, architecte, juriste ou agent d'assurances… si je veux réussir, je dois posséder une « agilité digitale ». Sans cette agilité, tous les vœux d'évolution professionnelle sont pieux car il manquera toujours quelque chose au candidat. La compétence digitale est en train de prendre le pas sur la compétence métier.

À la suite de son bilan de compétences, le salarié pourra améliorer ses compétences sur Word, Excel ou Powerpoint, apprendre à utiliser les réseaux sociaux pour promouvoir son activité, à créer un site vitrine, à faire de la publicité en ligne, à coder dans différents langages, à utiliser les extensions de son navigateur pour améliorer sa productivité au travail et même à créer des *chatbots*, des petits robots qui interagissent avec des êtres humains en langage naturel… Cette liste est non exhaustive tant il existe de possibilités et d'opportunités de connaissances digitales.

LA COMPÉTENCE DIGITALE EST EN TRAIN DE PRENDRE LE PAS SUR LA COMPÉTENCE MÉTIER.

Ces compétences acquises par un salarié lui permettent de doubler sa productivité horaire. Il lui est facile de réaliser des opérations sur Internet, un CRM ou un simple tableau Excel… Il trouve avec aisance les informations dont il a besoin et lorsqu'il ne sait pas où trouver ces informations, il est capable de les rechercher, seul, en interrogeant l'Intranet ou Internet et ce, sans solliciter à chaque fois un être humain pour le faire. Les salariés qui possèdent « l'agilité digitale » sont plus autonomes, plus productifs et réussissent mieux que les autres salariés.

À ce plan de formation digitale, il convient d'ajouter un plan de formation orienté vers la croissance personnelle et le développement des *soft skills*. Intelligence émotionnelle, capacité à convaincre, influencer, écouter, aptitudes à communiquer en public ou par le biais d'outils digitaux de type visioconférence, chats ou vidéos, autant de compétences émotionnelles et sociales que chaque salarié peut s'employer à développer pour son bien-être et son efficacité professionnelle. Car encore une fois, ces compétences seront centrales à l'avenir.

③ ÉTAPE 3 : ÉVOLUER PROFESSIONNELLEMENT

Une fois les compétences acquises, le salarié peut évoluer professionnellement. Plusieurs chemins s'offrent à lui :

- Soit il décide de progresser dans son métier en asseyant encore plus son expertise dans son domaine. Le salarié perçoit les compétences à acquérir dans un domaine qui offre de belles perspectives d'évolution professionnelle et personnelle. Le salarié aime son métier. Il aime le produit dont il participe à la fabrication ou le service qu'il participe à rendre. Il sent qu'il peut s'épanouir et trouver satisfaction à ses besoins en poursuivant sa carrière dans cette voie. Dans ce cas, il progresse pour faire un pas de plus.

- Soit il décide de se reconvertir car il se rend compte qu'il se trouve dans une « impasse professionnelle ». Une impasse professionnelle est soit une voie qui ne permet pas de s'épanouir et d'atteindre ses objectifs personnels ou professionnels, soit une voie qui mène à terme au chômage car les emplois disparaissent, sont délocalisés ou robotisés, ou encore parce que les produits ou les services ne trouvent plus de clients. Dans ce cas, il n'y a pas d'autre choix que se reconvertir.

- Soit il décide de créer sa propre entreprise[82] en s'appuyant sur son expérience passée et ses ambitions futures. La création d'entreprise est une aventure extraordinaire. Elle demande une implication énorme mais elle permet aussi de construire une vie professionnelle plus en adéquation avec son organisation et ses aspirations personnelles. Elle réduit aussi le niveau de dépendance et d'identification à un seul donneur d'ordres et permet donc d'avoir plus de liberté et de sécurité.

XIMITI, la franchise automatisée

XIMITI développe une solution de supérette de centre-ville totalement automatisée. Il s'agit d'un distributeur automatique géant permettant aux individus d'acheter 24h/24h un grand nombre de produits de première nécessité allant de l'alimentation aux chargeurs de smartphone.

N'importe quel salarié prêt à investir les 130 KE du coût de licence et d'installation de la supérette peut demain se reconvertir en directeur de supermarché. La seule différence est que ce directeur de supermarché ne travaille pas plus de 1H30 par semaine.

---

[82] Une étude réalisée par le laboratoire ALPTIS (2017) prévoit qu'en 2030, 30% des emplois seront réalisés par des indépendants. Le nombre d'autoentrepreneurs et de travailleurs indépendants croît d'année en année. Cela répond à un besoin de l'économie d'avoir une main d'œuvre plus flexible et plus autonome et au besoin des salariés de se sentir plus libres. Beaucoup de salariés deviennent indépendants parce qu'ils supportent mal la relation à la hiérarchie ou les contraintes horaires routinières et contraignantes de la vie dans l'entreprise (*Source : www.alptis.org*).

En matière de vie professionnelle, il faut vous interdire de faire du surplace. Les salariés qui n'apprennent plus, qui ne développent plus leurs compétences, considérant être parvenus là où ils devaient parvenir, ceux qui cessent d'apprendre parce qu'ils considèrent leur position acquise, ceux qui cessent de s'investir « tout essoufflés » par l'effort consenti, commettent une erreur. La formation et la progression sont un processus continu à notre époque. C'est la seule manière d'assurer sa liberté et sa sécurité professionnelles.

Beaucoup de gens sont épuisés par ce système et je les comprends. C'est un monde difficile et de plus en plus exigeant qui est le nôtre aujourd'hui et ce monde va devenir encore plus difficile et plus exigeant. Voilà pourquoi le virage de l'automation est si important pour notre pays, nos entreprises et pour les salariés. Seule l'automation peut nous aider à résister à cette accélération sans précédent du monde qui devient telle qu'elle dépasse les capacités humaines. Sans l'assistance des robots et le savoir pour les utiliser, nous ne pourrons pas y résister.

LES COMPÉTENCES À DÉVELOPPER POUR RÉUSSIR DANS LE MONDE DU TRAVAIL DE DEMAIN

Que vous soyez salarié, entrepreneur ou parent désireux de voir vos enfants trouver leur place dans le monde du travail de demain, vous vous interrogez sans doute sur les compétences qui seront recherchées par les recruteurs. Dans un monde du travail largement automatisé, quelles seront les tâches dévolues aux êtres humains et quelles seront les compétences nécessaires pour assurer ces tâches et ainsi trouver un travail ? Les enjeux sont forts car dans un monde où le travail[83] se raréfie, trouver un travail sera la condition de la sécurité et du bonheur.

1 LE « PLATEAU »

Le « plateau » constitue, de mon point de vue, la base de connaissances, les prérequis si vous préférez, que doivent

[83] Plutôt que de travail, on devrait plutôt parler d'activité rémunérée dans le sens où le salariat dans sa forme actuelle est en train de disparaître au profit d'autres formes de collaborations plus entrepreneuriales.

posséder une personne pour réussir dans le monde du travail de demain. Ce « plateau » n'est pas composé de savoir-faire ou de savoirs spécifiques, mais plutôt de compétences générales, d'aptitudes, de potentialités qui peuvent être activées et mises en œuvre dans tous les contextes professionnels[84]. Ces aptitudes a-contextuelles permettent de s'adapter rapidement à tout environnement de travail et d'atteindre des objectifs élevés.

A. L'APTITUDE À RECHERCHER ET TROUVER DES INFORMATIONS

Dans un monde qui se complexifie, où les informations sont de plus en plus nombreuses, l'être humain doit d'abord être capable de rechercher et trouver des informations pour pouvoir apprendre et mettre en œuvre des solutions à des problèmes nouveaux. Dans la masse et le flux d'informations disponibles, il doit être capable de rechercher et de trouver les informations qui seront utiles à son activité. Pour réaliser cela, il doit maîtriser les technologies digitales qui lui donnent accès à Internet et à ses énormes ressources.

Je suis souvent surpris de voir, dans ma propre entreprise, des consultants restés bloqués sur une difficulté. Ils rencontrent un « blocage ». Ils se disent : « je ne sais pas comment faire, on ne m'a pas expliqué, on ne m'a pas formé » et le processus s'arrête là. En agissant ainsi, ils ne progressent pas et ne font

---

[84] Il faut rappeler aux lecteurs que les compétences sont toujours contextuelles. Un comptable qui est efficient et performant sur une tâche de comptabilité le sera dans un certain type d'entreprise. S'il change d'entreprise, il peut se révéler être tout à fait incompétent. Il suffit que la culture de travail soit différente pour que les attendus soient différents.

pas progresser l'entreprise. Je ne les tiens pas responsables de cette attitude, car elle est liée à la manière dont ils ont été formés à l'école. L'école, en dessous d'un certain niveau d'études (BAC +4) ne stimule pas la capacité à rechercher de l'information.

Dans le monde du travail de demain, seuls les salariés qui réalisent le raisonnement suivant pourront réussir[85] : « je rencontre un blocage », « je demande à *Google* s'il existe une solution », « je trouve la solution » et « je teste cette solution ». Les salariés auront l'obligation de se comporter comme des « têtes chercheuses ». Tout simplement parce que les organisations n'auront plus le temps de les former à traiter chaque problématique. Le monde change trop vite, il est nécessaire d'être en permanence à l'initiative, « sur la brèche ».

NOUS SOMMES ENTRÉS DANS UNE ÈRE OÙ CE NE SONT PLUS LES HOMMES ET LES FEMMES QUI APPORTENT LES SOLUTIONS, MAIS LES MACHINES.

Faire un nœud de cravate, rédiger un contrat de travail, automatiser l'ajout de ses contacts sur LinkedIn, créer une publicité sur Facebook, monter un meuble, résoudre un conflit entre deux personnes ou un bug informatique etc. La solution à tous ces problèmes se trouve sur Internet. Alors autant l'utiliser… Et lorsque l'on ne trouve pas la solution,

---

[85] Les autres pourront avoir un travail mais subalterne et périphérique à la machine. Je reviendrai sur ce point dans ce livre en définissant ce qu'est la « culture digitale ».

on peut toujours solliciter les différentes communautés qui partagent des solutions dans des milliers de domaines sur les forums ou les sites collaboratifs. Internet, c'est l'intelligence collective.

Si l'on accepte l'idée que cette compétence sera décisive demain, cela veut dire concrètement qu'il faut faire la révolution dans l'école. Aujourd'hui à l'école, les enseignements sont constitués à 80% par de la transmission et l'apprentissage de connaissances. Or ces 80% devraient maintenant être consacrés à l'apprentissage de la recherche d'informations. Un professeur d'histoire n'a plus à enseigner l'histoire mais à former des personnes capables de chercher de l'information historique sur différentes plates-formes fiables d'informations historiques[86].

L'ÉCOLE EST LA CLEF DE LA RÉUSSITE FUTURE, MAIS ELLE DOIT SE TRANSFORMER.

Vous l'aurez compris, rechercher de l'information passe par la capacité à interagir avec des systèmes automatisés et demain avec des intelligences artificielles. Car ce sont elles

86 Le lecteur aura compris que je suis en désaccord complet avec le système actuel d'enseignement. J'ai moi-même enseigné pendant près de 10 ans dans les Universités et les grandes écoles. Je trouve ce système totalement obsolète, manquant de créativité, ennuyeux et abêtissant. Je ne me suis jamais senti aussi peu stimulé que dans le collège et le lycée français. Le cerveau d'un adolescent est une voiture de course et on lui fait faire des promenades du dimanche à bicyclette et ce, pendant qu'en Corée du Sud, au Japon ou en Chine, il roule en Ferrari. Non seulement, cela fait décrocher le pays au niveau international mais en plus, cela engendre des ados qui boivent de l'alcool et fument du cannabis. Ils ne le font pas par envie de transgresser l'interdit mais simplement parce qu'ils s'ennuient....

qui détiendront la connaissance. Les intelligences artificielles seront des livres vivants et intelligents avec qui les individus devront être capables de communiquer pour obtenir les informations utiles. Être capable d'écrire une requête sur *Google* qui donne immédiatement les résultats attendus, ce n'est rien d'autre qu'être capable de communiquer avec *Google*.

À la capacité de rechercher de l'information, j'ajouterai deux autres capacités qui sont complémentaires : la capacité à synthétiser l'information et la capacité à communiquer l'information. Dans une économie de la connaissance, par essence collaborative, il faut être capable, parmi le flux et la masse d'informations, de sélectionner les informations pertinentes puis de les communiquer sous une forme synthétique à travers un contenu simple à comprendre et attrayant qui favorise la compréhension et la mémorisation.

Le *storytelling*, la pédagogie, l'art des métaphores, autant d'outils qui permettent de transmettre de façon efficace des informations complexes sous une forme simplifiée et donc facile à appréhender par le plus grand nombre. Je vais réhabiliter ici mes collègues professeurs. Pour ceux qui me lisent, ils auront remarqué que ces compétences de recherche, de synthèse et de transmission de l'information sont exactement les compétences d'un professeur. Rien d'étonnant que dans l'économie de la connaissance, les maîtres soient rois.

B. L'APTITUDE À CRÉER DES RELATIONS, À INFLUENCER ET À CONVAINCRE

Les États-Unis ont réussi à asseoir leur domination sur le monde grâce à leur puissance militaire, leur puissance économique et politique mais aussi grâce au *soft power*. Le *soft power* est un concept développé par le professeur américain Joseph Nye. Il se définit comme la capacité d'un acteur politique - État, firme multinationale, ONG, institution internationale - voire réseau de citoyens– d'influencer indirectement le comportement d'un autre acteur ou la définition par cet autre acteur de ses propres intérêts à travers des moyens non coercitifs.

Les Américains ont utilisé le cinéma comme une « manière douce » de diffuser leurs valeurs et leur mode de vie et imposer ainsi, sans violence, leur vision du monde, vision qui sert leurs intérêts économiques, politiques et militaires. De grandes entreprises américaines comme Coca-Cola, Disney ou Starbucks ont également généré des récits séduisants pour influencer et convaincre des centaines de millions de personnes dans le monde qu'il convenait de penser et de se comporter d'une certaine façon. C'est ce qu'on appelle le *storytelling*[87].

CHAQUE INDIVDIDU POSSÈDE UNE APTITUDE À UTILISER LE *SOFT POWER* POUR CONVAINCRE ET INFLUENCER.

Dans les sociétés démocratiques, où l'usage de la violence physique et/ou psychologique est de moins en moins accepté

---

[87] Le *storytelling* est l'art de raconter des histoires.

par les institutions et les individus, il est nécessaire d'user d'autres moyens « plus doux » pour convaincre et influencer. Cette capacité à influencer de façon douce devient cruciale dans les activités de vente, de négoce, de management et dans les méthodes d'enseignement. On voit bien qu'on ne peut plus seulement dire à un individu « fais ci, fais ça » pour qu'il le fasse. Il faut le convaincre de le faire et non l'obliger à le faire.

Cette aptitude à convaincre est une compétence qui restera hors de portée des robots pendant encore une longue période. Par ailleurs, si l'on considère (et on peut l'espérer) que les êtres humains garderont le contrôle des robots, il restera toujours des décideurs pour convaincre et à influencer. Et on peut également imaginer que les intelligences artificielles seront également influençables. Elles prendront leurs décisions sur la base de certains critères que les êtres humains seront en capacité de manipuler pour obtenir ce qu'ils veulent des robots.

POUR RÉUSSIR DANS LE MONDE DE DEMAIN, IL FAUDRA AVOIR DÉVELOPPÉ SON APTITUDE À COMMUNIQUER.

L'art de la rhétorique, le *storytelling*, la psychologie de la persuasion, la programmation neurolinguistique sont autant de connaissances à acquérir pour se mettre en posture de développer ses capacités à influencer et à convaincre dans les relations humaines. Le *soft power* peut être utilisé par les individus et il doit être utilisé puisque le recours à la force, aux pressions ou à l'intimidation physique ou psychologique ne fonctionnent plus. Toutes ces techniques ne sont plus acceptées par les individus et elles sont réprouvées par la loi.

Mais cette capacité à influencer ne passe pas seulement par des savoir-être. Elle passe également par la maîtrise de logiciels et d'outils de communication. Aujourd'hui, il est indispensable de savoir communiquer via les réseaux sociaux par exemple. Et il est plus facile de communiquer sur les réseaux sociaux lorsque l'on sait créer graphiquement une image ou que l'on sait réaliser une vidéo. Dit autrement, la capacité à influencer passe aussi par la capacité à maîtriser et utiliser les canaux de communication et à maîtriser les outils techniques qui y sont rattachés.

L'APTITUDE À COMMUNIQUER PASSE PAR LA MAÎTRISE TECHNIQUE DES OUTILS DE COMMUNICATION COMME L'IMAGE OU LA VIDÉO.

À ce propos, l'une des compétences qui a toujours été centrale depuis des siècles est la maîtrise de la langue. Savoir utiliser les bons mots, en respectant la syntaxe, les règles de conjugaison et d'orthographe restera une compétence essentielle dans le monde de demain. Car la langue est le premier outil de communication. On communique avec les êtres humains grâce à la langue mais on communique avec les machines également grâce à la langue. *Google Home* ou *Alexa* sont des interfaces qui utilisent la reconnaissance vocale pour communiquer avec l'utilisateur.

On peut y ajouter la capacité à communiquer de manière non verbale. Être capable d'exprimer clairement une intention par la voix ou le visage est extrêmement utile. Cela permet de se faire comprendre extrêmement rapidement par un autre être humain. Les machines seront elles aussi équipées d'outils de reconnaissance faciale et de communication non verbale. Pour communiquer avec elles efficacement et rapidement, il faudra être capable d'utiliser les outils de son corps de manière efficace.

AVEC LA RECONNAISSANCE FACIALE, LES HUMAINS DEVRONT ÊTRE CAPABLES, POUR SE FAIRE COMPRENDRE DES MACHINES, DE COMMUNIQUER DE FAÇON NON VERBALE.

Enfin, et pour revenir sur la communication avec les machines, l'une des voies qui peut être offerte est « la voie du code ». La « voie du code » consiste à maîtriser des langages informatiques pour communiquer directement avec la machine, la programmer, lui donner des ordres ou des consignes. Je pense que cette compétence restera réservée aux programmeurs et aux concepteurs de robots, mais pour ceux qui souhaitent s'orienter dans cette voie très porteuse en termes d'emploi ou d'opportunité professionnelle, cela semble essentiel.

L'exemple des créateurs de sites Internet

Les créateurs de sites Internet croient que c'est la maîtrise du code qui est essentielle. Or aujourd'hui, l'essentiel de la valeur ajoutée d'un créateur de sites Internet consiste à savoir communiquer avec l'algorithme de Google. Comment fonctionne Google au fait ?

Google fonctionne sur la base d'une analyse des correspondances. Lorsqu'un internaute tape une requête, par exemple « recette gâteau au chocolat », Google recherche sur tous les sites Internet existants celui qui a la meilleure correspondance avec ce mot-clef.

L'objectif de Google est d'apporter des résultats pertinents aux internautes qui recherchent de l'information. Il vaut mieux éviter de proposer un site qui propose des recettes de clafoutis à un internaute qui recherche la recette d'un gâteau au chocolat.

Le créateur du site Internet doit être capable de concevoir son site de façon à donner des indices à Google. Il doit communiquer avec Google pour lui montrer que son site peut répondre à la requête des internautes. C'est ce qu'on appelle le référencement naturel.

Les meilleurs référenceurs ne sont pas des techniciens, mais des hommes et des femmes de lettres qui maîtrisent la langue, qui savent analyser les requêtes réalisées par les internautes et proposer des contenus correspondants de façon à créer du trafic.

Ce trafic génère ensuite des revenus avec des solutions destinées à le monétiser c'est-à-dire à orienter l'internaute vers l'achat d'un produit ou d'un service à partir d'un contenu référencé de façon naturelle sur Internet.

Un bon créateur de sites Internet n'est donc pas un excellent codeur, c'est un excellent écrivain... Un bon vendeur sur Internet, ce n'est pas quelqu'un qui a du bagout, c'est quelqu'un qui sait écrire et communiquer avec des mots...

C. LES QUALITÉS PERSONNELLES

Certaines qualités personnelles sont des facteurs de réussite universels. Dans un ouvrage intitulé *les 10 attitudes gagnantes pour réussir dans la vie* (2017), j'ai recensé dix de ces qualités. Je peux en sélectionner trois que je peux vous présenter ici et qui seront, me semble-t-il, particulièrement utiles dans le monde robotisé de demain. Ces qualités agissent comme des attitudes, un rapport constant au réel qui favorise l'apprentissage, la réussite dans la réalisation et l'appréhension des tâches professionnelles et l'équilibre personnel.

Dans un monde robotisé, la qualité principale à développer, sera sans doute la curiosité. La curiosité est ce qui pousse à aller vers tout ce qui est nouveau. Or, l'innovation est justement ce « moteur à nouveautés » qui alimente les sociétés humaines. Les personnes qui seront toujours au fait des nouveautés technologiques ou techniques dans leur secteur seront celles qui tiendront le haut du pavé. La curiosité, c'est aussi s'intéresser. C'est aller à la rencontre avec le savoir. C'est se motiver et prendre du plaisir. Cela favorise l'apprentissage.

LA CURIOSITÉ ET L'OUVERTURE D'ESPRIT SONT DES QUALITÉS ESSENTIELLES DANS UN MONDE QUI SE TRANSFORME.

L'ouverture d'esprit jouera un autre rôle. Dans un monde en constante évolution tant sur le plan technique que sociale, il faudra beaucoup d'ouverture d'esprit pour « survivre psychiquement ». Nous avons évoqué précédemment la révolution sociale et psychologique que va entraîner l'arrivée des humanoïdes dans nos vies : modification des relations de couple, de la structure familiale, des rapports d'amitié et d'amour. Cette révolution culturelle va mettre à rude épreuve les esprits trop attachés aux traditions et qui manquent de souplesse.

Dans les années 80, l'homosexualité a vu son degré d'acceptabilité sociale augmenter progressivement dans les sociétés industrialisées. Cette évolution n'a pas été sans créer de débats, qui ont vu s'affronter réformistes sociaux et les franges les plus conservatrices de la population. Les débats ont atteint leur apogée lors de la légalisation du mariage homosexuel dans un grand nombre de pays, institutionnalisant de façon définitive ce mode de relation. Bientôt la « robotsexualité[88] » pourrait connaître la même évolution.

Il est possible qu'apparaissent dans un horizon relativement proche de nouvelles formes de couples constitués d'un

---

[88] La robotsexualité sera probablement, dans un monde peuplé d'humanoïdes, une nouvelle forme de sexualité.

être humain et d'un robot. Qui sait s'il ne sera pas un jour possible de se marier avec un robot ? Certains développeurs de robots imaginent même la possibilité d'avoir des bébés avec des robots. Ces robots-enfants seraient conçus avec les traits physiques et psychologiques de leurs « parents » ... Ces nouvelles formes d'organisation sociale pourraient déstabiliser certains esprits manquant de souplesse et d'ouverture d'esprit.

LES PERSONNES QUI N'ONT PAS SUFFISAMMENT DE SOUPLESSE PSYCHIQUE POURRAIENT SOUFFRIR DE NOUVELLES MALADIES PSYCHIQUES.

Dans le domaine du travail, il faudra beaucoup d'ouverture d'esprit et d'empathie pour comprendre la manière dont raisonne une intelligence artificielle, accepter d'être managé ou dirigé par elle. Autant d'anormalités et de bizarreries que les esprits les mieux préparés n'auront aucune difficulté à accepter, réduisant leur stress et favorisant l'orientation de toutes leurs ressources physiques et mentales pour s'adapter et réussir, au lieu d'entrer dans une forme de résistance, voire de souffrance psychologique face à l'étrangeté.

Le monde devient de plus en plus abstrait. Internet, la réalité virtuelle, les intelligences artificielles etc. Ces nouveaux mondes n'ont pas forcément de correspondances avec le monde réel. Il s'agit de réalités parallèles, théoriques, mathématiques, quantiques qu'il peut être difficile d'appréhender avec un esprit trop concret ou trop pratique. Le monde de demain appartiendra aux personnes capables d'imaginer, de créer, de concevoir… Les actions vont devenir moins réelles, plus abstraites, plus lointaines et d'une extraordinaire complexité.

LES CAPACITÉS D'ABSTRACTION ET DE CONCEPTUALISATION SERONT INDISPENSABLES POUR COMPRENDRE LE MONDE QUI NOUS ENTOURE.

Les robots réalisent facilement des tâches spécialisées, répétitives et concrètes. Ils ont des difficultés à réaliser des tâches nouvelles ou imprévues. Le monde de demain appartient donc aux personnes capables de s'emparer de problématiques inattendues pour y apporter rapidement des solutions nouvelles. Les personnalités les plus recherchées par les recruteurs seront créatives, celles qui fonctionnent en mode projet, capables d'insuffler un esprit d'équipe à des travailleurs uberisés et évoluant dans des structures éclatées dépourvues de centre.

2 LES COMPÉTENCES TECHNIQUES

D. L'EXPERTISE TECHNIQUE COUPLÉE AU DIGITAL

Un expert en finance qui maîtrise le digital, un expert en assurances qui maîtrise le digital, un expert en ressources humaines qui maîtrise le digital, voilà les profils les plus recherchés par les entreprises. Une compétence purement digitale est intéressante, mais c'est surtout lorsqu'elle est couplée avec une expertise technique qu'elle acquiert toute sa valeur. L'expertise digitale permet d'opérationnaliser la technique dans le digital. C'est comme une « fécondation ».

Le digital « féconde » la technique et donne naissance à une compétence nouvelle.

Prenez le cas d'un expert-comptable qui maîtrise parfaitement l'art de sortir un bilan comptable. S'il maîtrise en plus le digital, il va être en mesure d'inventer des solutions nouvelles pour archiver et traiter les factures, améliorer les processus de gestion ou même participer à la création d'un robot-comptable capable d'assurer à lui seul une grande quantité de tâches. Sans cette compétence digitale, il restera un bon professionnel mais sans réelle perspective, « sans leadership ». Dans un monde qui s'automatise, les leaders savent automatiser.

LES LEADERS DE DEMAIN SERONT CEUX QUI POSSÈDERONT UNE COMPÉTENCE TECHNIQUE ET UNE COMPÉTENCE DIGITALE.

Prenons un deuxième exemple, celui d'un ingénieur d'affaires. Un excellent ingénieur d'affaires possède une compétence technique et des aptitudes à la vente et à la négociation. Imaginons maintenant que cet ingénieur possède en plus une forte « agilité digitale ». Cet ingénieur sera capable de démultiplier ses capacités de vente grâce aux outils de communication numériques (prise de rendez-vous, pédagogie de vente innovante etc.) tout en automatisant une grande partie de ses activités pour améliorer sa productivité.

Si le marché de l'emploi est le lieu d'une rude compétition entre les salariés pour obtenir les meilleurs postes, ceux qui seront les plus à même de la remporter sont à coup sûr les experts à double expertise, technique et digitale. Cela signifie qu'un grand nombre des experts qui excellent dans leur domaine mais ne possèdent pas cette agilité devraient entreprendre de se former pour renforcer leur employabilité et assurer leur liberté et leur sécurité professionnelles. Pour les autres, il y a un risque de voir leur niveau d'attractivité largement s'éroder.

E. LA MAÎTRISE DES LANGUES ÉTRANGÈRES ET DE LA LANGUE

Pixel Buds

Google vient de mettre au point un traducteur universel. Baptisée Pixe buds, cette paire d'écouteurs sans fil, traduit jusqu'à 40 langues différentes en temps réel, et est même capable de vous aider à répondre.

Google vient de mettre sur le marché la première génération de son traducteur universel capable de réaliser une traduction instantanée en 40 langues. Cette innovation remet-elle en cause la nécessité de maîtriser une ou plusieurs langues étrangères ? De mon point de vue, non. En effet, apprendre une langue étrangère revient aussi à acquérir une culture, une manière de penser différente. Si vous voulez comprendre la manière dont un Anglais ou un Chinois raisonne, vous avez intérêt à comprendre comment fonctionne sa langue.

APPRENDRE UNE LANGUE ÉTRANGÈRE, C'EST COMPRENDRE LA LOGIQUE DE PENSÉE D'UN CLIENT, D'UN FOURNISSEUR OU D'UN COLLABORATEUR.

Par ailleurs, même si un traducteur existe, les personnes qui auront fait l'effort d'apprendre une langue étrangère bénéficieront d'un capital symbolique supplémentaire. Savoir s'habiller de façon élégante n'est généralement d'aucune utilité pratique dans le travail mais l'utilité est aussi de l'ordre du symbolique. Savoir s'habiller avec goût, c'est envoyer un message à ses interlocuteurs. Le vêtement dit : « je ne suis pas n'importe qui, puisque je comprends les codes et je les manie avec intelligence ». Cette compétence relève de l'intelligence sociale.

Capacité d'abstraction, aptitude à communiquer, à rechercher de l'information, à la synthétiser, maîtrise des langues étrangères, vous l'aurez compris le monde du travail de demain va devenir très exigeant, d'autant plus que les individus seront en compétition les uns avec les autres sur toute la planète. Les Français étaient déjà en compétition avec les Anglais, les Allemands ou les Espagnols. Ils sont maintenant en compétition avec les Indiens ou les Chinois qui sont des centaines de millions. Autant dire qu'il est de plus en plus difficile d'être le meilleur.

CHAQUE SALARIÉ EST ENTRÉ DANS UNE COMPÉTITION MONDIALE AVEC LES SALARIÉS DES AUTRES PAYS.

Bien sûr, dans cette compétition (et on peut le déplorer), ce sont les enfants nés dans les milieux les plus favorisés qui s'en sortiront le mieux. Ils sont équipés des dernières technologies, voyagent tôt dans leur vie ce qui leur permet d'apprendre des langues, baignent dans un milieu où le langage est maîtrisé et où les aptitudes à communiquer s'apprennent et se transmettent par imitation, presque sans effort. Rien de nouveau à ce niveau-là dans le monde de demain. Ce sont bien les milieux les plus favorisés, les élites qui continueront à réussir.

La différence est que l'avantage acquis par les classes moyennes sur les classes populaires va se transformer radicalement. Les enfants des classes moyennes ambitieux et travailleurs dont les parents investissent massivement dans l'éducation parviendront à accéder à cette élite qui aura un travail intéressant et bien rémunéré. Les enfants des classes moyennes et leurs parents qui ne feront pas ce choix seront déclassés. Le monde de demain sera un monde sans classe moyenne dont la forme ressemblera plus à un sablier qu'à une courbe gaussienne.

LE MONDE DE DEMAIN SERA UN MONDE SANS CLASSE MOYENNE DONT LA FORME RESSEMBLERA PLUS À UN SABLIER QU'À UNE COURBE GAUSSIENNE.

L'automation ne crée pas les inégalités sociales, elle ne vient que mieux les souligner et mieux les renforcer en créant un nouveau facteur de différenciation sociale[89]. Les employés les plus qualifiés deviennent, soit des concepteurs de robots, soit des superviseurs de robots. Les autres employés sont relégués à des tâches subalternes, celles qui ne peuvent pas être réalisées par des robots. Le robot occupe alors une « place supérieure » à l'être humain dans la hiérarchie interne de l'entreprise. Quand il n'est pas supérieur hiérarchiquement…

Dans un reportage sur la robotisation diffusé sur YouTube, le directeur d'une usine chinoise interrogé sur le travail de ses employés après la robotisation de 95% des tâches de production, a eu des mots très durs à ce propos. Il a pu dire par exemple : « après la robotisation, on a réservé aux humains les tâches les plus simples, celles que ne pouvaient pas faire les robots ». En disant cela, il sous-entendait que ce sont les tâches avec la plus faible valeur ajoutée, celles qui sont trop simples qui ont été déléguées aux êtres humains et non l'inverse comme on pouvait s'y attendre.

---

89 Traditionnellement, un élément qui différencie les classes populaires des classes moyennes et les classes moyennes des élites est le niveau de maîtrise de la langue. « L'agilité digitale » nécessaire à l'enrichissement financier, culturel, social et symbolique devient un nouveau facteur de différenciation. Ce facteur crée des mouvements ascendants et descendants. Par exemple, un membre des classes moyennes peut « migrer » vers une classe supérieure grâce à la maîtrise des outils digitaux. À l'inverse, un membre des classes moyennes peut être déclassé du fait de son incapacité à maîtriser les outils digitaux. Les classes populaires les plus fragiles, celles qui ne maîtrisent pas la langue, subissent un nouveau déclassement quand elles souffrent d'illettrisme et/ou de ce que l'on pourrait appeler « d'illettrisme digital ». Leurs chances de s'insérer dans la société par le travail deviennent quasiment nulles, surtout dans un contexte mondialisé où elles sont en compétition avec d'autres travailleurs bien moins chers aux quatre coins de la planète.

DANS CERTAINES USINES, ON RÉSERVE AUX ÊTRES HUMAINS LES TÂCHES LES PLUS SIMPLES ET AUX ROBOTS LES TÂCHES LES PLUS COMPLEXES.

Dans cette usine, les robots fabriquent des produits. Ils réalisent la partie noble du travail. Les ouvriers humains quant à eux rangent les pièces dans des boîtes. Ils sont relégués au rang de simple manutentionnaire venant « boucher les trous » que la technologie ne peut pas encore combler. Ce sont les humains qui servent les robots et non l'inverse. Et ce n'est pas en effectuant la journée entière des tâches de manutention que ces êtres humains acquerront une meilleure qualification. Il y a donc un phénomène de déclassement.

3 LA CAPACITÉ À CHANGER

Un changement inattendu

Récemment, dans mon entreprise, une assistante a changé de place la bannette dans laquelle on glisse habituellement les dossiers transmis et traités par le service facturation. Elle trouvait plus pratique de placer cette bannette au milieu à droite de l'étagère plutôt qu'en bas et au centre de l'étagère. Ayant mal au dos, cela la gênait de devoir se baisser à chaque fois pour récupérer les dossiers. Quelles furent les conséquences du déplacement de la bannette, sachant que le nouvel emplacement était situé à 30 cm exactement de l'ancien ?

Les jours qui suivirent, nous retrouvâmes des dossiers de facturation déposés exactement au même endroit qu'auparavant et ce, alors que la bannette avait disparu. Par ailleurs, des salariés me contactèrent par e-mail pour me demander où était passée ladite bannette. D'autres conservèrent leurs dossiers dans leur bureau en attendant une instruction. Aucun ne découvrit par lui-même le nouvel emplacement de la bannette. Cela engendra de la désorganisation. Nous prîmes du retard dans la facturation, ce qui eut un impact négatif sur la trésorerie.

Ce cas illustre parfaitement la manière dont fonctionnent les êtres humains. Les êtres humains fonctionnent sur la base d'habitudes et de routines. Dès qu'une situation se met en place, ils se l'approprient (ils font des efforts pour cela) et la transforment en une habitude. Les habitudes permettent de gagner du temps et de l'énergie. Elles sont des procédures de comportements et de pensée économique. C'est grâce aux habitudes que nous pouvons conduire sans avoir à penser à appuyer sur la pédale de frein ou à changer les vitesses.

Une fois les habitudes installées, celles-ci prospèrent. Elles prospèrent même quand la situation change et qu'elles deviennent inadaptées. Voilà pourquoi certains salariés de mon entreprise continuaient de déposer au même endroit les dossiers de facturation alors que la bannette avait disparu. C'est leur habitude qui leur commandait de le faire. Voilà pourquoi une personne ayant l'habitude de rouler à 90 km/h sur une route continuera à rouler à cette vitesse même si la limitation est abaissée à 80 km/h. Il faut laisser du temps aux gens pour qu'ils changent[90].

LES ÊTRES HUMAINS CRÉENT DES HABITUDES POUR ÊTRE PLUS EFFICIENTS ET PLUS PERFORMANTS.

Les habitudes perdurent car elles sont constituées de circuits neuronaux. Pour qu'une habitude change, le corps a besoin d'énergie et de temps pour recomposer de nouveaux circuits neuronaux. Par ailleurs, le corps s'interroge toujours sur la possible réversibilité de la situation. En effet, à quoi bon détruire une habitude (c'est-à-dire des circuits neuronaux qui fonctionnent bien) si le changement n'est que transitoire et que la situation reviendra à son état antérieur dans quelques temps ? La bannette pourrait être remise à la même place.

Certains individus sont capables de changer plus rapidement que les autres. Ils ont une plasticité neuronale plus grande. Cette plasticité tient à différents facteurs (génétiques, d'âge et motivationnels). Si vous êtes motivé pour changer, vous

---

90 L'entrée en application de la loi qui abaisse la vitesse à 80km/h sur les routes nationales françaises en juillet 2018 ne s'est pas faite d'une manière intelligente. Elle ne tenait absolument pas compte des principes de fonctionnement de l'esprit humain. Imposer un changement aussi rapide pour des comportements aussi ancrés, c'était à coup sûr pousser les citoyens à l'infraction. Les automobilistes n'avaient aucune chance de ne pas dépasser les limites de vitesse dans les semaines qui suivirent l'entrée en application de la loi. Ils n'avaient aucune chance de ne pas être verbalisés et donc ne pouvaient pas éviter de payer de lourdes amendes. Ceci explique que cette loi ait soulevé autant de résistances et de réactions dans la population... Pour information, en décembre 2018, plus de 50% des radars automatiques français étaient hors services, sabotés dans le cadre du mouvement des « gilets jaunes »...

changez plus vite qu'une personne qui subit le changement et lui résiste. L'attitude vis-à-vis du changement est déterminante. Les individus qui changent souvent sont capables de changer plus vite que ceux qui n'ont pas connu de changements importants dans leur vie depuis vingt ans ou plus.

PLUS VOUS AVEZ L'HABITUDE DE CHANGER ET PLUS IL EST FACILE DE CHANGER VOS HABITUDES.

Le fait d'avoir voyagé à l'étranger, de s'être confronté à des cultures différentes et donc à des modes de pensées et de comportements différents comme conduire une voiture à gauche et à droite, manger avec des couverts, avec les mains ou avec des baguettes, prendre des décisions de façon autoritaire ou au contraire très consensuelle en fonction de la culture nationale, sont autant d'expériences susceptibles d'enseigner aux individus qu'il n'existe non pas une mais des façons de penser et de se comporter. L'aptitude à changer est liée à l'ouverture à la différence.

Dans le futur, les individus devront être capables d'apprendre très rapidement et de faire évoluer au moins aussi rapidement leurs habitudes. Étant donné que tout changement professionnel entraîne immanquablement des changements d'ordre personnel, le défi pour l'individu sera demain de composer avec le changement permanent dans tous les domaines de sa vie. Changements d'habitudes, de comportements, d'organisations, de routines, mais aussi d'identité… Jamais dans l'histoire de l'humanité, le psychisme n'aura été mis à aussi rude épreuve.

LES INDIVIDUS QUI RÉUSSIRONT LE MIEUX DEMAIN SERONT CEUX CAPABLES DE RÉSISTER AUX ÉNORMES TENSIONS QUE PROVOQUE LE CHANGEMENT PERMANENT.

Pour être capable de gérer les changements, il faut disposer d'une intelligence essentielle : l'intelligence émotionnelle. Les personnes qui sont douées d'intelligence émotionnelle savent mieux que les autres gérer leurs émotions et gérer les émotions d'autrui. Lorsqu'un changement survient dans une entreprise ou une organisation, il produit des réactions émotionnelles qu'il convient de savoir orienter. Les émotions sont des énergies qui peuvent devenir des forces constructives ou destructives. Voilà pourquoi l'intelligence émotionnelle est une qualité essentielle.

LES MÉTIERS DE DEMAIN : EXEMPLE DE 15 MÉTIERS QUI POURRAIENT FAIRE LEUR APPARITION

Alors que des millions d'emplois vont être détruits par l'automation, d'autres emplois se comptant par centaines de milliers sont en train d'émerger. On ne s'étonnera pas que ces nouvelles perspectives professionnelles fassent la part belle au numérique mais nous n'en sommes qu'au début et tout reste à faire, si l'on en croit une récente étude américaine qui affirme que 85% des emplois de 2030 n'existent pas encore. J'ai sélectionné quinze métiers auxquels vous ou vos enfants pourrez bientôt vous former et postuler[91].

1. COACH EN TRANSFORMATION DIGITALE

Son rôle sera de développer la productivité des entreprises en les conseillant sur la mise en place de systèmes automatisés.

[91] Source : https://dailygeekshow.com

2. COACH DIGITAL

Il vous recommandera les applications et les logiciels les mieux adaptés à vos besoins et à votre personnalité.

3. NUTRITIONNISTE-MICROBIEN

Soucieux de votre santé, il vous concoctera un programme diététique personnalisé pour prévenir les maladies et améliorer votre espérance de vie tout en respectant l'environnement.

4. COACH EN CURIOSITÉ

Dans un monde qui tend de plus en plus à s'uniformiser, ce coach vous donnera des outils pour cultiver votre singularité et stimuler votre imagination et votre créativité.

5. CONSEILLER(E) FINANCIER DE MONNAIE ALTERNATIVE

Les Bitcoin pourraient bien, dans un avenir proche, devenir la monnaie de référence à l'échelle mondiale, les compétences de ces banquiers d'un nouveau genre n'en seront que plus prisées.

6. FERMIER URBAIN

Les villes deviendront des lieux exploités pour la production agricole. De véritables fermes urbaines pourraient voir le jour.

7. IMPRIMEUR(SE) 3D

L'impression 3D permet de créer et de réparer des objets de toutes sortes. Ce secteur devrait poursuivre son expansion et s'étendre à toutes les sphères de la vie quotidienne.

8. CROQUE-MORT NUMÉRIQUE

Il veillera à ce que toutes les informations vous concernant disparaissent définitivement de la toile après votre décès.

9. PRATICIEN(NE) EN DÉSINTOXICATION DIGITALE

La chose est entendue : l'addiction à Internet et aux réseaux sociaux sera le fléau sanitaire majeur des prochaines années. Des collèges de médecins du monde entier tirent depuis longtemps la sonnette d'alarme pour alerter les autorités quant aux effets délétères sur la santé de cette nouvelle « drogue des temps modernes ». Les spécialistes en désintoxication numérique auront fort à faire avec ce mal nouveau qui semble destiné à affecter durablement toutes les couches de la société.

10. EXPERT(E) EN FINANCEMENT PARTICIPATIF

Si la mutualisation des ressources humaines et financières ne date pas d'hier, le *crowdfunding* connait un regain de vitalité et un nouvel essor grâce à Internet et à la mondialisation. La professionnalisation de cette activité est promise à un bel avenir.

11. CONSULTANT(E) EN DÉVELOPPEMENT CULTUREL

Il ou elle sera chargé(e) d'élaborer des programmes personnalisés, permettant ainsi aux personnes pressés(es) de se tenir informés(es) pour ne rien manquer de l'actualité culturelle du moment.

12. COACH HOLISTIQUE

Son rôle sera d'aider les personnes à atteindre leurs objectifs en travaillant sur toutes les dimensions de leur être tant sur un plan émotionnel que mental, physique, spirituel et professionnel.

13. PILOTE DE DRONE (OU PILOTE D'ENGIN SANS PILOTE)

Pur produit de l'intelligence artificielle, les drones, avec leurs applications multiples (civiles et militaires), sont en passe d'envahir nos vies.

14. ARCHIVISTE NUMÉRIQUE

Face au volume de données numériques qui ne cessent d'augmenter, l'archiviste numérique, véritable expert du Big Data, sera chargé de contenir la prolifération des données et de classer cette multitude d'informations collectées.

15. CONSULTANT(E) EN MÉTHODE ÉDUCATIVE ALTERNATIVE

Les méthodes éducatives alternatives ont le vent en poupe depuis plusieurs années. Elles pourraient donner naissance à de véritables métiers. Partant du constat que la santé et le bonheur ne sont pas des priorités de l'Éducation nationale, les méthodes éducatives alternatives essaient justement de mettre l'accent sur la pratique de la santé et du bonheur. Les plus optimistes pourront y voir un métier d'avenir, d'autres railleront le caractère utopique d'un tel projet.

UNE RÉVOLUTION À VENIR DANS LE MONDE DU RECRUTEMENT

« Le meilleur candidat, c'est celui qui fait la même chose dans une entreprise concurrente. » Voilà la phrase employée par un chasseur de tête pour résumer le besoin (pas toujours exprimé) des entreprises qui font appel à des cabinets de recrutement aujourd'hui. En d'autres termes, les employeurs recherchent avant tout des personnes opérationnelles immédiatement, qui n'ont pas besoin de formation et qui ont déjà fait leurs preuves sur des postes similaires. C'est une manière pour les entreprises d'assurer la continuité sans prendre de risques.

L'écueil principal de cette manière de recruter, c'est que l'on recrute des personnes qui ont réussi par le passé mais pas forcément en capacité de réussir dans l'avenir. Dans un monde disruptif, imprévisible, changeant, il faut recruter sur les capacités à réussir dans l'avenir. Je m'explique. Ce n'est pas parce qu'un candidat a réussi dans une entreprise similaire sur un poste similaire par le passé qu'il réussira dans l'avenir, tout simplement parce que le poste sur lequel vous le recrutez n'existe en fait déjà plus.

RECRUTER SUR LA BASE DES RÉUSSITES PASSÉES NE PRÉJUGE EN RIEN DES CAPACITÉS DU CANDIDAT À RÉUSSIR DANS L'AVENIR.

Le temps où l'on recrutait des personnes sur la base de leurs compétences passées est révolu. Il est nécessaire d'adopter une nouvelle manière de recruter, basée non plus sur les compétences mais sur les potentialités. Dit autrement, on doit recruter sur des critères qui nous permettent de prédire la réussite du candidat dans une multitude de scénarii et non plus dans un seul. Cela change radicalement la manière d'évaluer le candidat et cela signifie clairement « la mort du CV » tel que nous le connaissons.

Le CV du candidat du XXIème siècle est une évaluation de potentiel. Il s'agit d'un document qui évalue le candidat sur des facteurs comme la capacité à apprendre, à raisonner, à traiter l'information, à influencer, à convaincre. Savoir que le candidat a travaillé dans telle ou telle entreprise, qu'il a effectué telle ou telle tâche nous renseigne bien sûr sur certaines capacités, aptitudes ou traits de personnalité comme la stabilité ou la fidélité. Stabilité, fidélité… est-ce que ce sont réellement les qualités que l'on recherche aujourd'hui ?

LA MORT DU CV TEL QUE NOUS LE CONNAISSONS AUJOURD'HUI EST IMMINENTE.

Il faut donc recruter des « têtes bien faites », des gens qui « percutent » plutôt que des personnes compétentes dans leur métier. Cela vaut a fortiori dans les TPE et les PME qui sont des environnements extrêmement mouvants et évolutifs dans lesquels on a besoin d'une polyvalence accrue dans la mesure où chaque nouveau client impose une nouvelle organisation du travail. Dans les petites entreprises en développement, cela bouge si vite que les salariés sont contraints d'évoluer rapidement.

Les entreprises qui recrutent des profils opérationnels sont gagnantes à court terme mais elles se retrouvent confrontées à de grandes difficultés à long terme parce que les personnes qu'elles recrutent ne sont pas systématiquement adaptables, parce qu'elles n'ont pas suffisamment de capacités à apprendre. Or ne vaut-il pas mieux, dans un monde et une organisation en constante mutation, privilégier les « profils mutants » que les profils hyperspécialisés et hypercompétents sur un domaine de compétences très ciblé.

IL FAUT CHOISIR DES EMPLOYÉS À FORT POTENTIEL PLUTÔT QUE DES EMPLOYÉS HYPERCOMPÉTENTS DANS LEUR DOMAINE.

Amazon a récemment mis en place un robot-drh. L'objectif est de pouvoir traiter de façon automatisée les milliers de CV que reçoit la firme chaque année et de sélectionner les meilleurs candidats. Pour nourrir l'algorithme de l'intelligence artificielle utilisée dans ce robot-drh, ses concepteurs l'ont connecté avec les bases de données de recrutement de la firme de ces vingt dernières années. En d'autres termes, ils ont connecté le robot avec la base de données des candidats qui avaient été retenus par des recruteurs humains.

Au bout de quelques mois, Amazon a dû mettre un terme à l'expérience car le robot-drh ne recrutait que des hommes et éliminait systématiquement toutes les femmes. Il reproduisait en cela le « sexisme » des recruteurs qui avaient œuvré pour la firme par le passé. Or, le monde a changé depuis vingt ans. Une entreprise ne peut plus se permettre d'écarter ainsi des candidats sur la base de leur sexe, de leur origine ou d'autres critères qui ne tiennent pas à leurs compétences mais à leur identité. Amazon a dû licencier son robot-drh pour discrimination à l'embauche.

DANS UN MONDE MOUVANT ET QUI SE RENOUVELLE EN PERMANENCE, ON NE PEUT PLUS SE BASER SUR LE PASSÉ POUR PRENDRE DES DÉCISIONS.

Cet exemple montre comment le fait de recruter en vertu du passé peut conduire à des échecs. Dans un monde mouvant et qui se renouvelle en permanence, on ne peut plus se baser sur le passé pour prendre des décisions. Et cela concerne en premier lieu le recrutement. Mais comment faire alors pour choisir et sélectionner les candidats ? Les nouvelles solutions de recrutement sont en train d'émerger. Il faut repenser son modèle de recrutement. Il faut imaginer le futur pour imaginer quel futur candidat lui correspondra le mieux.

N'est-ce pas ce que nous sommes en train de faire ?

CE QUE PEUVENT FAIRE LES DÉCIDEURS POUR S'ADAPTER À LA RÉVOLUTION DES ROBOTS

La révolution des robots représente pour les décideurs (dirigeants d'entreprise, directeurs d'administration) un gigantesque défi. Les décideurs ont en effet la lourde responsabilité de préparer et d'accompagner leur organisation dans ce changement majeur de paradigme. Ce sont eux qui ont à saisir toutes les opportunités de l'automation tout en évitant ses écueils et en se préservant de ses risques. *La révolution des robots* est un étroit chemin de crête que les dirigeants doivent emprunter pour mener à la réussite leur organisation.

Les opportunités sont incroyables. L'automation est une occasion unique de rationnaliser l'ensemble des processus organisationnels afin d'optimiser la productivité et réduire les coûts. Pour une entreprise, cela signifie à terme, plus de profits. Ces profits pourront être redistribués aux actionnaires sous la forme de dividendes ou aux employés sous la forme d'augmentation de salaire. Ils pourront également être réinvestis dans le développement de nouveaux produits ou services, l'achat de machines ou le recrutement d'employés pour les produire.

Pour les administrations, il s'agit, dans un contexte de contraintes budgétaires grandissantes, de maintenir un service public de qualité. L'objectif est de réduire les coûts en proposant un service de qualité constante. Faire mieux avec moins grâce aux robots ! À terme, il s'agit de réduire les dépenses de l'État et des collectivités pour réduire la pression fiscale sur les entreprises et les ménages. Les gains de productivité qui peuvent être réalisés dans les services publics grâce à l'automation sont tout simplement incroyables !

On comprend mieux ici comment l'automation agit sur la croissance économique. Elle favorise la profitabilité des entreprises par l'augmentation de la productivité et la réduction de la fiscalité directe. Mais elle augmente aussi leurs débouchés en favorisant la consommation des ménages qui sont eux-mêmes soumis à une fiscalité plus *light* et bénéficient de salaires plus élevés. La première chose à faire dans les économies développées sera sans doute de transformer les services publics grâce aux robots. Il s'agit là d'une opportunité majeure.

L'AUTOMATION EST LA CURE DE JOUVENCE QUE LES VIEILLES ÉCONOMIES ATTENDENT AVEC IMPATIENCE.

Si l'automation est la chance donnée aux entreprises de croître et aux vieilles économies stagnantes de se relancer, elle comporte également des risques. Le premier pour les entreprises est de rater le virage, de ne pas réussir à insuffler dans l'entreprise ce vent de modernisation qui soufflera ensuite dans les voiles de la croissance des dividendes, des rémunérations et de l'investissement. Une entreprise qui rate le virage de l'automation est une entreprise vouée à disparaître, dépassée par ses concurrents plus productifs et plus compétitifs grâce aux robots.

Pour les États et leurs administrations, cela veut dire continuer à imposer des modes de fonctionnement (et une fiscalité) à une population et des entreprises de plus en plus défiantes. On veut bien financer une administration moderne et efficace, beaucoup moins un système administratif obsolète. Les États jouent leur crédibilité. La transformation digitale est à mon sens un moment crucial dans l'histoire des sociétés industrielles où se repose la question de la confiance dans l'État et dans sa capacité à gérer correctement un territoire.

Les décideurs font en fait face à trois défis :

- **Décider :** pour prendre le virage de l'automation, il faut d'abord en prendre la décision. Cette décision consiste à rompre avec les habitudes et le *statu quo* pour entrer dans une ère de transformations. Ces transformations seront sources de tensions, de conflits, de résistances. Elles demanderont des investissements financiers et humains et réclameront à certains moments de se montrer courageux. Beaucoup de dirigeants sont tentés de renoncer pour s'éviter des problèmes... Et si nous faisions du changement une opportunité !?

- **Insuffler :** les décideurs doivent être capables de montrer l'exemple et de servir d'éclaireurs. C'est certain, un dirigeant qui tape à deux doigts sur le clavier de son ordinateur et qui prend sa souris pour un mulot a peu de chances d'insuffler une « culture digitale[92] » au sein de son organisation. Pourtant, même un dirigeant qui n'excelle pas en informatique peut faire l'effort et montrer ainsi l'exemple à l'ensemble de ses équipes de sa volonté d'intégrer le digital dans sa fonction.

- **Accompagner :** la robotisation va entraîner une montée en compétences des employés. Cette montée en compétences nécessitera de la formation, du coaching. Certains employés réussiront facilement. Pour d'autres, cela sera plus long. Enfin, certains se montreront totalement réfractaires. Cela veut dire que l'entreprise ou l'administration devra, à terme, se séparer de certains collaborateurs tout en gérant le stress et les tensions qui ne manqueront pas de naître chez les autres.

LES ENTREPRISES (Y COMPRIS L'ENTREPRISE-ÉTAT) QUI NE PRENDRONT PAS LE VIRAGE DE L'AUTOMATION SERONT BALAYÉES.

---

92 « La culture digitale » est un ensemble de croyances et de logiques comportementales partagées qui poussent les individus à recourir à des solutions automatisées (des robots) avant de recourir à des solutions humaines. Par exemple, une personne qui possède une « culture digitale » recherchera d'abord une information sur Internet (texte, vidéo etc.) avant de poser la question à un être humain. La « culture digitale » se traduit par une grande confiance dans le digital, confiance qui se traduit par une utilisation accrue des outils digitaux.

Voici une série d'étapes qui nous semblent indispensables pour réussir la transformation digitale d'une entreprise ou d'une administration. Ces étapes sont celles par lesquelles passent les coachs en transformation digitale[93] Orient'Action®. Vous pouvez recourir à l'un de nos coachs ou réaliser cette démarche seul en fonction de vos ressources et de votre temps disponible. Le parcours est identique quelle que soit la taille de l'organisation. On peut également initier la démarche en ciblant certains services.

1 ÉTABLIR UNE CARTOGRAPHIE

La première étape consiste à réaliser une cartographie des risques et des opportunités d'automation dans l'organisation. Une étude des risques et opportunités d'automation permet d'avoir une vision globale des métiers et des processus qu'il conviendrait d'automatiser partiellement ou totalement. En lien avec la stratégie de l'entreprise, cette cartographie permet de développer un plan d'investissement et d'accompagnement des collaborateurs. Il faut investir dans des robots et en même temps faire monter les salariés en compétences.

Cette cartographie représentera notamment les métiers ou les tâches concernés par les opportunités d'automation à court

[93] Le rôle du coach en transformation digitale consiste à accompagner les organisations dans leur transformation digitale en établissant un diagnostic des risques et opportunités, en accompagnant l'organisation dans le développement d'une « culture digitale » et en favorisant « l'agilité digitale » des collaborateurs grâce à la formation.

et moyen terme. Elle pourra se faire au travers d'un groupe de travail associant des représentants des différentes directions de l'entreprise (finances, technique, ressources humaines, qualité, etc.) permettant d'appréhender les conséquences de cette transformation sur tous les aspects du fonctionnement. La transformation digitale est un processus transverse qui impacte tous les services de l'entreprise.

Le livrable est une carte des métiers ou des processus de l'entreprise présentant les opportunités et les risques d'automation. Cette carte permet de repérer concrètement les services ou les fonctions qui présentent les plus grandes opportunités d'automation et peuvent à court terme apporter une augmentation importante de la productivité ou une réduction des coûts. L'objectif est bien d'améliorer l'efficience et la performance globales de l'entreprise. Les impacts humains de la transformation sont bien sûr pris en compte dans cette évaluation.

2 PASSER EN REVUE LES INNOVATIONS TECHNOLOGIQUES

Une fois les métiers ou les tâches automatisables identifiés, il convient de sélectionner les solutions technologiques disponibles sur le marché et qui peuvent être mises en place pour transformer les métiers. L'identification de la meilleure solution (la plus simple à mettre en place, à utiliser, et qui coûte la moins chère) est indispensable dans ce travail préparatoire. Il s'agit donc d'identifier des solutions possibles, d'être en capacité d'évaluer le processus de mise en place, ses impacts organisationnels et humains et d'évaluer ses coûts.

Il est bien sûr nécessaire que les salariés soient impliqués dans ce processus pour pouvoir tester les solutions et émettre leur avis. De nouveaux groupes de travail destinés à l'appropriation des nouvelles solutions peuvent être formés et ce, en fonction de la taille de l'entreprise. Des formations de sensibilisation à la « culture digitale » peuvent également être organisées en parallèle pour créer un contexte favorable à l'appropriation de ces nouvelles technologies. On peut aussi réaliser une évaluation globale des compétences informatiques des salariés.

3 METTRE EN PLACE UN PLAN D'AUTOMATION EN 3 ANS

Une fois les solutions identifiées, on peut définir un plan d'automation en trois ans, précisant les différentes étapes du processus (mise en place, test, formation, feed-back). Ce plan permettra de donner de la lisibilité aux décideurs et aux salariés. Il permettra d'envisager toutes les conséquences de la transformation et d'anticiper les éventuelles mobilités de personnel que cela pourra entraîner. L'objectif est de réorienter les forces productives de l'entreprise vers les tâches qui ont la plus forte valeur ajoutée.

QUESTION PRATIQUE : COMMENT INSUFFLER UNE CULTURE DIGITALE DANS SON ORGANISATION ?

Trois cas

Très récemment, j'ai organisé un séminaire dans le sud de la France avec nos équipes. Je me suis rendu dans la région deux jours avant le début du séminaire pour coordonner les préparatifs. La première maison d'hôte où j'ai logé disposait d'une piscine. Le propriétaire de cette maison possédait un robot de nettoyage pour cette piscine. En échangeant avec lui, il m'a avoué qu'il n'était pas satisfait du robot. Il avait donc tendance à nettoyer lui-même la piscine car le robot ne faisait pas comme il voulait. Il n'avait pas confiance dans le robot.

En rentrant du séminaire, j'ai surpris une assistante en train de scanner des documents manuellement. Au lieu d'utiliser l'option « numérisation recto-verso », elle préférait déposer les documents sur le scanner et les retourner manuellement. Elle s'est justifiée en me disant qu'elle gagnait du temps en faisant ainsi… Un véritable débat s'en est suivi, se terminant par l'épreuve du chronométrage pour nous départager. Effectivement, la machine scannait plus rapidement en « recto-verso » et d'une meilleure qualité qu'un être humain…

Plus récemment, j'ai reçu un e-mail d'un de mes consultants qui avait besoin, pour rédiger un devis, du code CPF (Compte Personnel de Formation) d'une formation. Chaque formation possède un code CPF inscrit dans une nomenclature. Ne réalisant plus personnellement de formation, je ne connaissais pas cette information. Alors qu'ai-je fait ? J'ai simplement demandé à Google et en deux clics j'ai eu la réponse. Je lui ai donc fourni une réponse qu'il aurait pu trouver par lui-même s'il avait eu le réflexe de demander à Google plutôt qu'à un être humain…

Ces trois cas illustrent pour moi la faiblesse ou l'absence de « culture digitale » chez ces trois personnes. Elles préfèrent en effet réaliser manuellement des opérations qui peuvent être automatisées. Elles ont un faible niveau de confiance dans les robots. Elles préfèrent se fier à leur perception directe plutôt qu'à des données chiffrées ou abstraites. Elles méconnaissent le mode d'emploi des machines. Cela ne les intéresse pas et elles trouvent trop compliqué de s'y pencher. Elles préfèrent demander les informations à des êtres humains.

Or, cette absence de « culture digitale », on le voit bien dans ces exemples tout à fait anecdotiques, entraîne une perte de temps et donc une perte de productivité. L'homme qui nettoie sa piscine manuellement perd son temps. S'il laissait son robot nettoyer sa piscine, il pourrait faire autre chose. L'assistante qui scanne manuellement les documents obtient des supports numériques d'une qualité médiocre et perd du temps qui se traduit par un surcoût pour l'entreprise. Quant à l'échange d'e-mails, il est simplement inutile et improductif.

INSUFFLER UNE CULTURE DIGITALE DANS SON ORGANISATION PERMET D'AMÉLIORER LA QUALITÉ ET LA PRODUCTIVITÉ.

Insuffler une « culture digitale » dans son organisation est un facteur d'amélioration de la qualité et d'optimisation de la productivité. Les gens exécutent plus rapidement leurs tâches, tout en étant plus autonomes. Ils utilisent des outils et des services qui leur facilitent la vie. Ils développent leurs propres compétences et améliorent leur niveau de formation globale. Rapportés à un effectif de plusieurs salariés et a fortiori de plusieurs centaines ou milliers de salariés, les gains pour l'organisation sont tout simplement titanesques.

Insuffler une « culture digitale », c'est faire évoluer la culture de son entreprise. Faire évoluer la culture de son entreprise, c'est faire évoluer les mentalités. Les mentalités sont des structures qui évoluent sur le long terme. Ce changement majeur doit être accompagné et impulsé avec intelligence en tenant compte de la psychologie humaine et de son rapport au changement. Les êtres humains sont autant capables de s'approprier rapidement des changements que d'y résister farouchement pendant des mois ou des années.

Comment procéder ?

1 ÉVALUER LES COMPÉTENCES DIGITALES DES SALARIÉS

Pour préparer la « transformation digitale » d'une entreprise, l'idéal est de commencer par une évaluation générale des compétences digitales des salariés (et du dirigeant). Cette évaluation de « l'agilité digitale » de l'ensemble des collaborateurs est un signal fort de valorisation de la compétence digitale. Quand vous réalisez ce type d'évaluation, vous envoyez un message à l'ensemble des salariés en leur disant : cette compétence va devenir centrale ! Nous allons maintenant l'évaluer pour en suivre l'évolution.

Cette évaluation peut se faire de façon très formelle à travers des mesures objectives par le biais de tests ou de mises en situation ou être réalisée sous une forme plus *light* par le biais d'un simple questionnaire en ligne. Dans tous les cas, l'évaluation devra être précédée d'un message de la direction de l'entreprise insistant sur le fait que l'entreprise s'apprête à s'engager sur la voie de la « transformation digitale ». C'est cette transformation qui viendra donner tout son sens à l'évaluation en en précisant la finalité.

ANNONCER LA COULEUR, À TRAVERS UN MESSAGE CLAIR, POUR ENGAGER LES COLLABORATEURS DANS LE CHANGEMENT.

Le message doit être soigneusement rédigé. Le changement s'amorce dans l'esprit humain par l'usage de certains mots. La psychologie humaine a ses secrets. Par exemple, il est indispensable de souligner le caractère irréversible du changement engagé. Car chaque fois qu'un être humain entrevoit la possibilité d'une réversibilité, il retarde le moment où il s'engagera sur la voie du changement. Ce n'est pas de la mauvaise volonté, simplement de l'intelligence. On ne modifie pas des habitudes efficaces pour un changement éphémère.

Bien sûr, toute « transformation digitale » va susciter des inquiétudes, notamment chez les collaborateurs les moins qualifiés dans ce domaine, alors qu'elle suscitera l'enthousiasme des collaborateurs les plus qualifiés. Chacun verra ainsi sa position et son « espérance professionnelle » dans l'organisation avec le déplacement du curseur d'évaluation. Dans une entreprise qui place le digital au cœur de son organisation, la dimension technique ou métier perd de son prestige… Cela entraîne irrémédiablement un changement des rapports de pouvoir.

2 METTRE EN PLACE DES OUTILS DE COMMUNICATION DIGITAUX

La deuxième étape consiste à mettre en place des outils de communication internes simples basés sur le digital. Une plateforme collaborative est un outil d'échange et de partage entre les salariés. Il existe aujourd'hui des outils extraordinaires qui permettent de favoriser les échanges, qui remplacent le téléphone et l'e-mail grâce au chat, la visioconférence et des systèmes de murs virtuels où les différents collaborateurs viennent épingler à la manière des affiches qu'on accroche sur un mur, leurs idées, questions, propositions etc.

Il faut comprendre qu'après avoir été un outil essentiellement marketing, le web est devenu un outil organisationnel. Les réseaux sociaux comme LinkedIn ou Facebook pénètrent maintenant les entreprises et l'organisation du travail. Chez Orient'Action®, nous utilisons WORKPLACE, l'outil développé par Facebook pour fédérer l'ensemble de nos consultants et agences implantés sur tout le territoire français, dans les DOM-TOM et à l'international. Cette plate-forme est un outil qui nous fait gagner un temps précieux en communication interne.

3 FORMER LES SALARIÉS

Insuffler une « culture digitale » passe par la formation. Il est nécessaire de mettre tous les salariés à niveau et de leur donner des bases solides en la matière. Il y a une vérité que certains décideurs ne veulent pas voir. Pourtant cette vérité va s'exercer dans les années qui viennent à la manière d'un axiome mathématique. Plus le pourcentage de salariés d'une entreprise possédant une « agilité digitale » est élevé et plus les chances de réussite de l'entreprise (croissance et pérennité) sont grandes. Cet axiome est à méditer me semble-t-il.

<u>FORMULE MATHÉMATIQUE DE LA RÉUSSITE</u> :
% SALARIÉS X NIVEAU D'AGILITÉ DIGITALE = % CHANCES DE RÉUSSITE DE L'ENTREPRISE DANS L'AVENIR.

Attention, ces formations ne sont pas des formations informatiques. Ce sont des formations sur des outils Web… Parce que le Web n'est plus un environnement qui concerne uniquement les sites Web. Le Web est en fait partout, dans les sites Web bien sûr mais aussi et surtout dans les interfaces utilisateurs, les espaces collaboratifs, les outils de communication internes et externes, les outils de gestion administrative et de facturation. Et parce que le Web est partout, celui qui maîtrise le Web est le roi du monde.

CE QUE PEUVENT FAIRE LES HOMMES ET LES FEMMES POLITIQUES POUR ADAPTER NOTRE PAYS À LA RÉVOLUTION DES ROBOTS

Tout au long de ce livre, j'ai répété la nécessité pour les pouvoirs publics d'avoir un rôle interventionniste en matière de robotisation. Pourquoi ? Si nous étions aux États-Unis ou au Canada, j'aurais probablement encouragé au contraire la plus stricte liberté, considérant qu'il fallait laisser le « marché » faire ses propres choix. Or, nous sommes en France et dans notre pays, l'État joue un rôle dans l'économie. L'État peut facilement, par la fiscalité et les règlementations, encourager ou décourager les initiatives collectives ou individuelles.

Mon objectif est clairement d'inciter les hommes et les femmes politiques à se positionner face à l'automation. Car sans une position claire de leur part, la cacophonie risque de régner. Certaines régions se montreront très ouvertes au développement de la robotique, tandis que d'autres freineront des quatre fers. Des mesures seront prises pour la favoriser et en même temps pour la décourager. Que l'État intervienne dans l'économie n'est pas un problème en soi, à condition qu'il le fasse avec une vision et des moyens coordonnés.

QUE L'ÉTAT INTERVIENNE DANS L'ÉCONOMIE N'EST PAS UN PROBLÈME EN SOI, À CONDITION QU'IL LE FASSE AVEC UNE VISION ET DES MOYENS COORDONNÉS.

Par ailleurs, je l'ai évoqué précédemment, l'économie française a besoin d'un « grand bol d'air pur de croissance et de productivité ». Et pour cela, il faut impérativement que dans les années à venir la fiscalité (la deuxième la plus forte au monde[94]) se réduise. Pour que la fiscalité se réduise, il est nécessaire, si l'on ne veut pas supprimer ou abandonner des services publics, de faire des gains de productivité dans les services de l'État et des collectivités territoriales. La manière la plus directe d'y parvenir est évidemment la robotisation.

Voici donc des préconisations, des idées, des propositions destinées aux femmes et aux hommes politiques. Je suis conscient que certains partis sont par tradition hostiles à toute forme de modernité. Certains prônent même la décroissance. Je crois que mes idées ne peuvent guère leur être utiles si ce n'est pour construire des contre-arguments. Je suis si enthousiaste à l'idée que cette révolution technologique puisse faire enfin entrer notre pays dans le XXIème siècle que toutes mes propositions sont destinées à favoriser l'automatisation.

---

94 Selon certains experts, elle serait même devenue leader dans ce domaine en 2018.

1 DÉVELOPPER LES INFRASTRUCTURES DE TÉLÉCOMMUNICATION

L'accès à une connexion Internet doit devenir un droit aussi fondamental qu'être relié au tout-à-l'égout, à l'électricité ou au gaz. Il y a cinquante ans, être raccordé à l'électricité ou au téléphone était loin d'être une évidence. Aujourd'hui, être connecté à Internet ne l'est pas non plus, alors que c'est devenu indispensable pour travailler, communiquer, se cultiver etc. Une nation qui veut croître doit donner des signaux forts à sa population sur l'avenir. Et l'avenir aujourd'hui ne peut passer que par le numérique et donc par une connexion Internet.

Cela signifie qu'il faut fixer en la matière des objectifs ambitieux. Premièrement, l'ensemble du pays doit être connecté au très haut débit. Il ne doit plus exister de zones blanches. Les campagnes comme les villes ont à disposer d'un réseau fibré efficace et performant. Plutôt que d'offrir des crédits d'impôts pour faire poser des panneaux solaires ou des éoliennes inefficaces et coûteux, que de construire des ronds-points ou de rénover de vieilles églises délabrées, mieux vaudrait investir pour développer la fibre pour l'Internet fixe et la 5G pour le mobile.

ÊTRE CONNECTÉ AU TRÈS HAUT DÉBIT DOIT DEVENIR AUSSI ÉVIDENT QU'AVOIR LE TOUT-À-L'ÉGOUT, LE GAZ OU L'ÉLECTRICITÉ.

Pourquoi faut-il avoir accès au très haut débit ? Parce que le très haut débit est ce qui donne accès à la vidéo. Or la vidéo est ce qui permet de transmettre la connaissance. La vidéo est beaucoup plus efficace que le texte pour expliquer un geste ou une opération. La vidéo permet donc de propager la connaissance plus vite et plus efficacement que n'importe quel autre système. Demain, le très haut débit donnera accès au monde virtuel et à la possibilité d'intervenir dans un environnement, sans même avoir à se déplacer physiquement.

Parce qu'il permet de fluidifier les transferts d'informations, le très haut débit favorise l'émergence de nouvelles formes d'organisation du travail comme le télétravail. Or, le télétravail est une organisation du travail qui favorise l'écologie et le bien-être. Il permet de réduire les déplacements et donc d'économiser du temps sur les transports. Ce temps peut être utilisé de façon beaucoup plus utile par les individus en passant du temps avec leurs proches, en apprenant ou en travaillant davantage en fonction de leurs aspirations.

UN SALARIÉ QUI FAIT DEUX JOURS DE TÉLÉTRAVAIL FAIT PLUS POUR L'ÉCOLOGIE QU'UN PANNEAU SOLAIRE OU UNE VOITURE ÉLECTRIQUE...

Un salarié qui fait deux jours de télétravail fait plus pour l'écologie qu'un panneau solaire ou une voiture électrique... Certes, l'usage d'Internet pollue comme toutes les activités humaines, mais il reste moins polluant et moins coûteux que les transports. L'État dépense chaque année des centaines de millions d'euros pour entretenir des routes ou rénover des voies ferrées, mais se montre incapable de créer des infrastructures Internet d'envergure et ce, alors même que ces infrastructures sont relativement peu coûteuses.

La France possède l'un des niveaux de productivité horaire les plus élevés du monde. Elle doit ce niveau de productivité record notamment à son système de transport particulièrement performant. Pour bâtir ce système, des efforts colossaux ont été réalisés depuis la Deuxième Guerre mondiale. Ne pourrions-nous pas aujourd'hui réitérer cet exploit dont nous avons été capables par le passé dans le domaine de l'Internet ? Plutôt que de construire de nouvelles autoroutes, construisons les autoroutes de l'information et préparons le futur.

PLUTÔT QUE DE CONSTRUIRE DE NOUVELLES AUTOROUTES, CONSTRUISONS LES AUTOROUTES DE L'INFORMATION ET PRÉPARONS LE FUTUR.

Une prise de conscience est nécessaire. Le temps où les gens se déplaçaient chaque jour pour aller au travail en prenant la voiture, le train ou les transports en commun est révolu. Il faut que l'État acte cette nouvelle réalité. L'avenir est au télétravail et au monde virtuel. Je le vois chaque jour dans mon entreprise. Je préfère réaliser un rendez-vous commercial en visioconférence sans avoir à me déplacer plutôt que de passer 4h dans le TGV (2h aller et 2h retour) pour me rendre dans les bureaux de mon client ayant son siège dans le sud de la France.

Dans les métiers de service, les transports s'apparentent dans une grande majorité de cas à une perte de temps, d'énergie et d'argent. Il y a là un formidable gisement de productivité pour les entreprises et les services publics. Mais pour parvenir à ce résultat, encore faut-il avoir des infrastructures Internet de qualité permettant l'accès au très haut débit sur l'ensemble du territoire. Il faut que cet accès soit simple et proche de la gratuité. Est-ce que vous payez lorsque vous empruntez avec votre véhicule une route nationale ?

UN ACCÈS ÉGAL À INTERNET PERMET UN ACCÈS ÉGAL À LA CONNAISSANCE ENTRE LES GRANDES VILLES ET LES CAMPAGNES.

L'accès au très haut débit permet l'accès à la vidéo et demain au monde virtuel. La vidéo est le seul support qui permet une communication efficace comparée à l'e-mail qui est une vraie catastrophe en matière de rapports humains. Cela permet également de développer la formation à distance, les cours d'apprentissage des langues, les formations techniques, le soutien scolaire… la vidéo est la technologie qui permet de propager la connaissance. C'est ainsi que l'on améliorera le niveau de qualification partout, y compris dans les territoires reculés.

J'ai souligné à de très nombreuses reprises dans ce livre le caractère indispensable de l'éducation et de la formation pour permettre aux individus de s'insérer sur le marché du travail mondialisé du XXIème siècle. Internet et ses énormes ressources en sont la pierre angulaire. Priver certains territoires de l'accès à ces ressources par manque d'investissement ou de volonté politique est un acte coupable vis-à-vis de ces populations. Cela signifie qu'on abandonne volontairement ces populations au profit d'autres. Ce n'est pas mon idée de la République.

NE PAS DÉVELOPPER LES INFRASTRUCTURES DE L'INTERNET EST UN ACTE COUPABLE VIS-À-VIS DES POPULATIONS QUI VIVENT DANS LES TERRITOIRES ISOLÉS.

Les standards imposés aux opérateurs qui engrangent des profits conséquents sont à revoir. L'État peut fixer la barre plus haut, très haut même. L'augmentation de ces standards challengera les opérateurs qui seront obligés de développer de nouvelles compétences et capacités, ce qui leur permettra ensuite de se développer dans d'autres pays. Mais l'État doit lui aussi investir pour soutenir ces industries de pointe. C'est ainsi que la France est devenue une puissance dans le domaine du nucléaire ou de l'aéronautique. Et Internet alors ?

2 FAVORISER L'ÉQUIPEMENT DES MÉNAGES ET DES ENTREPRISES

Selon la dernière enquête de l'ARCEP (2017), 83% des Français possèdent un ordinateur et 53% l'utilisent tous les jours. 73% possèdent un smartphone et 44% une tablette. Ces chiffres peuvent sembler encourageants, mais ils cachent à mon sens une autre réalité. En effet, quel âge a l'ordinateur possédé par le foyer ? Quel est le type de smartphone ou de tablette utilisé ? Cela, l'enquête ne le dit pas, alors qu'il y a une énorme différence entre avoir un PC de dernière génération et posséder une « vieille bécane qui rame… »

Les équipements informatiques ont à être pensés non pas seulement en termes de quantité, mais aussi en termes de qualité. Il faudrait aussi connaître le niveau et la nature d'utilisation des outils numériques. L'État doit continuer de soutenir le niveau d'équipements des ménages, notamment dans les milieux les plus défavorisés mais aussi soutenir l'effort de formation des Français. L'État, via l'école et l'enseignement supérieur mais aussi l'appareil de formation continue, doit pouvoir soutenir le développement d'une culture digitale à l'échelle du pays.

L'ÉTAT DOIT INVESTIR POUR DÉVELOPPER UNE CULTURE DIGITALE À L'ÉCHELLE DU PAYS.

À quand une émission spécialisée sur le numérique à la télévision publique ? Nous sommes abreuvés d'émissions culinaires et politiques. En revanche, concernant le numérique, c'est le vide intersidéral sur la plupart des grandes chaînes… Les reportages qui portent sur les innovations technologiques sont trop rares. Le rôle de la télévision publique, pour laquelle chaque citoyen paie une redevance, n'est-il pas de participer au partage d'une culture commune capable de nous aider à mieux préparer l'avenir du pays ?C'est en tout cas ma vision des choses.

Si je fais un rapide tour d'horizon des personnes de mon âge, je m'aperçois qu'au moins 40% d'entre elles possèdent un ordinateur mais sont incapables de l'utiliser rapidement et de façon efficiente. Certains n'ont même pas d'adresse e-mail personnelle…Et pourtant, ce ne sont pas des « anciens » mais des gens qui travaillent et sont âgés d'environ 40 ans. Mais ayant raté le virage de l'Internet, ils ne s'intéressent pas à l'informatique. Si l'on regarde de près, ce manque de « culture digitale » est lié au niveau de diplôme. Plus les gens sont diplômés et plus ils utilisent l'ordinateur.

PROPOSER UN CRÉDIT D'IMPÔT POUR L'AUTOMATION DES ENTREPRISES ET DES PARTICULIERS.

Proposer un crédit d'impôt aux personnes qui emploient une nourrice, une femme ou un homme de ménage ou encore un jardinier, c'est très bien. Néanmoins, ce ne sont pas ce type de mesures qui favorisent le plus le développement de l'économie du pays. Je comprends parfaitement le sens de ces mesures destinées à créer des emplois pour les personnes faiblement qualifiées et à lutter contre le travail au noir. Le problème de ces mesures, c'est qu'une fois ces emplois créés, on ne tire pas les personnes vers le haut. On les laisse dans ces emplois sans perspectives.

Or, ce n'est pas l'avenir. Les maisons peuvent à terme être équipées de systèmes domotiques incluant des robots-aspirateurs, des robots-cuisiniers, des robots d'entretien etc. Parmi les hommes et les femmes employés pour l'entretien, certains peuvent devenir des agents de maintenance de ces systèmes domotiques plutôt que de continuer à passer le balai ou la tondeuse toute leur vie. Ce qu'il faut, c'est offrir un progrès possible à ces personnes qui sont capables, très souvent, de progresser si on les accompagne suffisamment.

AUTOMATISER ET ROBOTISER, C'EST CRÉER DES EMPLOIS PLUS QUALIFIÉS ET MIEUX RÉMUNÉRÉS.

Par ailleurs, les entreprises qui automatisent massivement leurs activités ont besoin d'être encouragées. C'est ainsi qu'elles vont développer leur productivité. Le crédit d'impôt recherche est une mesure intéressante, mais il faut la coupler à un crédit d'impôt à l'automation. Car il faut stimuler la recherche dans ce domaine. Permettre à une entreprise de voir comment elle pourrait faire pour automatiser certaines de ses activités et faire ainsi des gains importants de productivité, voilà une mesure intelligente pour faire entrer le pays dans le XXIème siècle.

Il faut également encourager les entreprises à utiliser les outils du numérique pour faire connaître leurs activités, pour se connecter plus facilement à leurs clients français ou étrangers. Selon les chiffres du ministère de l'Économie (2017), en France, seulement 67 % des entreprises ont un site Web contre 75 % dans les pays de l'Union européenne et 95 % dans les pays leaders. » Et seules 35% des entreprises sont présentes sur au moins un réseau social contre 42% dans l'Union européenne et 70% dans les pays leaders. Le retard à combler est énorme.

LES ENTREPRISES QUI AUTOMATISENT DEVRAIENT ÊTRE SOUTENUES FISCALEMENT PAR UN CRÉDIT D'IMPÔT AUTOMATION.

On se plaint de la désertification des centres-villes et de la disparition des indépendants au profit des grandes chaînes, mais combien de magasins de centre-ville ont une boutique en ligne ou ne serait-ce qu'un site Internet pour permettre à leurs clients de découvrir leurs nouvelles collections ? Une poignée d'entre eux se montrent proactifs en la matière. Pourquoi ? Parce que ce n'est pas leur culture et parce que les années de vache maigre les ont laissés sur la paille. Pour relancer ces commerces, une aide est nécessaire autant en termes de formation que d'équipements.

Bien sûr, l'automation fait peur. La crainte est de voir des suppressions d'emplois advenir. L'idée serait sans doute de coupler ce crédit d'impôt avec une obligation d'investissement en formation des salariés dans le numérique. Les salariés en France, surtout les plus âgés et ceux qui ne vivent pas dans les grandes métropoles ne sont pas suffisamment familiarisés avec les nouvelles technologies. Les compétences à acquérir sont souvent relativement simples comme utiliser un agenda en ligne, avoir un profil sur les réseaux sociaux, communiquer en visioconférence etc.

LES SALARIÉS, SURTOUT LES PLUS ÂGÉS ET CEUX QUI NE VIVENT PAS DANS LES GRANDES MÉTROPOLES NE SONT PAS SUFFISAMMENT FORMÉS AUX NOUVELLES TECHNOLOGIES.

Pour en maîtriser le montant et orienter l'effort vers les TPE et les PME, ce crédit pourrait être plafonné. Il pourrait également ne servir à financer que la phrase prospective du processus d'automation, c'est-à-dire la réalisation de la cartographie des risques et des opportunités liés à l'automation. Cette phase est l'une des plus importantes car c'est elle qui permet de prendre conscience des impacts humains de ce type de processus. Or, les plans de formation, pour être efficients, doivent être réalisés très en amont des évolutions technologiques.

Ce type de financement pourrait également intervenir de façon indirecte par le biais d'appels à projets réalisés par les DIRECCTE[95] qui conduisent régulièrement ce type d'opérations, permettant de mettre à disposition des entreprises des consultants locaux pour réaliser des missions de conseil sur des problématiques économiques. Proposer ce type de missions avec un financement partiel ou total de la DIRECCTE inciterait les entreprises à engager une réflexion sur ce sujet. Ce serait un premier pas de fait vers le développement d'une culture digitale.

3 ACCOMPAGNER L'ÉMERGENCE D'UN « APPAREIL DE FORMATION » DIGITAL

Un problème de taille persiste. Il concerne « l'appareil de formation » français dans le domaine du digital.

95 Directions Régionales des Entreprises, de la Concurrence, de la Consommation, du Travail et de l'Emploi.

Traditionnellement en France, ce sont les branches qui structurent la formation. La métallurgie dispose par exemple de deux bras armés : le réseau des AFPI et celui des ADEFIM. Les AFPI sont des centres de formation qui permettent de former des jeunes et des adultes aux métiers de l'industrie. Les ADEFIM sont des organismes collecteurs qui collectent les fonds auprès des entreprises de l'industrie et financent ensuite les actions de formation de façon mutualisée.

La difficulté que pose cette organisation est qu'elle ne permet pas de dégager de moyens suffisants pour organiser la formation sur des compétences transverses comme le digital. Le digital (qui est à la base de l'automatisation) est partout et il n'est donc pas l'apanage d'une branche professionnelle donnée. Cela explique qu'il n'existe pas au niveau national de réseaux de centres de formation spécialisés dans le domaine digital. Or, sans réseau de ce type, impossible de former les masses de salariés (et de chômeurs) qui ont besoin de développer leurs compétences dans ce domaine.

IL MANQUE AUJOURD'HUI UN VRAI SYSTÈME DE FORMATION ORIENTÉ UNIQUEMENT VERS LE DIGITAL.

À la place, on a des milliers de petits organismes proposant des formations souvent trop spécialisées (dans le marketing digital notamment) ou trop orientées vers ce que j'appelle « l'informatique à papa » c'est-à-dire la suite Microsoft (Word, Excel etc.). Or, « l'agilité digitale » ne se limite pas à la maîtrise de la suite Microsoft. C'est une aptitude à penser, à communiquer et à agir dans un environnement totalement dématérialisé grâce à des systèmes qui se comptent aujourd'hui par milliers tant l'innovation est foisonnante dans ce domaine.

Dans le domaine industriel, logistique ou le tertiaire, la France avait l'AFPA, aujourd'hui en grande difficulté. Ce réseau de centres de formation proposait des formations dans de nombreux domaines à la manière d'une université pour adultes. Il nous faudrait aujourd'hui une AFPA du numérique, un grand réseau de centres de formation dédiés au digital et à la robotique, capables de former aussi bien des personnes peu qualifiées que des ingénieurs. Qui va créer ou participer à la création de ce réseau de centres de formation?[96]

RECHERCHE, ÉDUCATION, FORMATION CONTINUE, ENTREPRISES, IL FAUT CRÉER LES CONDITIONS QUI FAVORISERONT LE DÉVELOPPEMENT DES ROBOTS.

Ce réseau de centres de formation pourrait être associé à une filière de recherche afin de stimuler le développement de nouvelles connaissances. En fait, ce qu'on attend, c'est l'émergence de grandes universités ou de grandes écoles spécialisées dans le domaine de l'automation. Exit les facultés de lettres modernes ou d'histoire, véritables usines à chômeurs. Bienvenue dans les écoles du futur où l'on a renoncé à étudier le passé pour mieux construire l'avenir. Je

---

[96] 300 millions d'euros, c'est l'argent qui sera injecté chaque année dans le conseil en évolution professionnelle à partir de 2020.

sais que mes propos feront grincer des dents, mais n'est-ce pas ce qu'il est juste de faire ?

Durant ces vingt dernières années, les initiatives les plus marquantes dans ce domaine ont été le fait d'entreprises privées. Xavier Niel, le patron de Free, a ainsi fondé *l'École 42*[97]. Il a su pallier les insuffisances de l'État en la matière. Or, l'éducation est une compétence régalienne. Il est temps de prendre des décisions courageuses concernant l'organisation des universités en France qui ont pour vocation de préparer les nouvelles générations à construire l'avenir au lieu de faire office de « hall d'attente » destiné à éviter l'explosion du taux de chômage.

ON A FINI PAR L'OUBLIER MAIS LA FRANCE ÉTAIT AU XIXème SIÈCLE L'ÉQUIVALENT DE LA CALIFORNIE D'AUJOURD'HUI.

Les Français ont fini par l'oublier mais la France était, au XIXème siècle, l'équivalent de la Californie d'aujourd'hui. La France était une terre d'innovation, une terre où l'on savait oser et investir pour bâtir un monde meilleur. Paris et sa tour Eiffel étaient les symboles de cette volonté de progrès scientifique et technique. Le baron Hausmann doit se retourner dans sa tombe en voyant aujourd'hui la ville qu'il a rénovée refuser

---

97 *L'École 42* est une école d'informatique, formant notamment des développeurs. Elle repose sur une pédagogie innovante, sans professeur, basée sur l'entraide entre élèves et dépourvue d'examens. Le système est proche des jeux-vidéos où les joueurs progressent dans un environnement de difficultés croissantes organisé par niveaux. Cette école est aujourd'hui une référence dans le domaine de la formation des développeurs et des codeurs.

de se moderniser sous prétexte qu'il faut conserver de vieux immeubles aux jolies façades pour le plaisir des touristes...[98]

4 PROTÉGER L'EMPLOI

Dans un contexte où l'automation de n'importe quel travail devient possible, il y a un risque élevé de destruction massive d'emplois. On peut se rappeler à ce propos le phénomène de délocalisation vers les pays à bas coût qui s'est produit dans les années 80 et 90 et a contribué de façon importante à la disparition des emplois industriels en France. Il pourrait se produire un phénomène comparable pour le secteur des services avec une automation massive des tâches réalisées par des robots installés en France mais aussi à l'étranger.

On assisterait alors à un phénomène socioéconomique nouveau, alliant robotisation et délocalisation, une « débotalisation » dont les conséquences seraient à la fois une destruction d'emplois et un transfert de la valeur ajoutée dans des pays étrangers[99]. N'est-ce pas ce qui se passe déjà

---

[98] Je fais référence ici aux nombreux projets avortés de construction de tours dans Paris. Les tours sont pourtant des bâtiments plus écologiques et à même de résoudre les problèmes de prix du logement prohibitifs dans la capitale. Par ailleurs, de tels projets architecturaux dont on trouve des exemples à Londres ou Barcelone renforcent l'attractivité touristique. Cette orthodoxie est d'autant plus incompréhensible que de nombreux immeubles haussmanniens sont vétustes avec des équipements anciens et inadaptés à la vie moderne notamment les ascenseurs...

[99] Il est à noter que dans le phénomène de délocalisation classique, seuls les emplois faiblement qualifiés sont détruits. Les services de l'entreprise, considérés comme non délocalisables parce que stratégiques (marketing et/ou service des ventes, recherche & développement, direction générale) et qui emploient les salariés les plus qualifiés restent en France. L'essentiel de la valeur ajoutée continue donc à être capté en France, ce qui n'est pas le cas dans le phénomène de « débotalisation ».

avec Watson, l'IA d'IBM? Les services clients (et bien d'autres fonctions) dans les banques ou les assurances ne sont plus assurés par un conseiller clientèle humain qui travaille en France, mais par une intelligence artificielle installée aux États-Unis.

ON ASSISTERAIT ALORS À UN PHÉNOMÈNE SOCIOÉCONOMIQUE NOUVEAU ALLIANT ROBOTISATION ET DÉLOCALISATION : « LA DÉBOTALISATION ».

Dit autrement, on remplace des emplois locaux qualifiés par une machine conçue par des employés américains très qualifiés. La France perd sur les deux tableaux : d'abord sur celui des destructions d'emplois dans un contexte de chômage de masse et ensuite en termes de recettes fiscales. Car si la valeur ajoutée est réalisée aux États-Unis, les recettes fiscales qui lui sont associées sont perçues aux États-Unis. Il s'agit d'un véritable « hold-up », mais tout à fait légal. Et le nombre de ces « hold-up » ne va faire que croître dans les années qui viennent.

Comment l'État et l'administration française peuvent faire pour protéger l'emploi dans un environnement mondialisé et ouvert à la concurrence ? Les mesures à prendre ont pour la plupart déjà été proposées par des économistes chevronnés. Ces mesures visaient toutes à lutter contre les phénomènes de délocalisation des activités industrielles vers des pays à bas coût. Mais rien ne nous empêche de les reprendre. Puisque communiquer, c'est répéter, alors répétons en espérant qu'un jour, on puisse être enfin entendus.

RÉDUIRE LA FISCALITÉ QUI PÈSE SUR LE TRAVAIL HUMAIN EST LE PLUS SÛR MOYEN DE PROTÉGER L'EMPLOI.

La prévention des effets de l'automation passe forcément par la réduction du coût du travail. Si vous faites porter l'essentiel des taxes sur les revenus du travail comme c'est le cas aujourd'hui, alors vous favorisez les robots dans la « compétition » qui les oppose aux êtres humains. Vous stimulez « la tentation de l'automation » chez les décideurs et le développement de l'offre chez les concepteurs de robots. Les grands perdants de cette compétition sont les êtres humains, notamment ceux qui ont des qualifications faibles ou moyennes.

Certaines personnalités politiques préconisent en réponse à cette situation l'instauration d'une taxe-robot. Certes, l'idée est excellente[100], mais à condition qu'il ne s'agisse pas d'une nouvelle taxe sans réelle compensation par ailleurs. Nous sommes habitués en France à voir apparaître de nouvelles taxes sans que pour autant les anciennes ne disparaissent. Si une telle mesure est prise, elle doit s'accompagner obligatoirement d'une baisse de la fiscalité sur l'emploi humain. Sinon, tout le monde sera perdant sur tous les tableaux.

---

[100] Il faudrait bien sûr voir les modalités de mise en œuvre d'une telle taxe, mise en œuvre qui sera loin d'être aisée étant donné le caractère protéiforme de ce que l'on peut définir aujourd'hui comme un robot.

NOUS SOMMES HABITUÉS EN FRANCE À VOIR APPARAÎTRE DE NOUVELLES TAXES SANS QUE POUR AUTANT LES ANCIENNES NE DISPARAISSENT.

Personnellement, en matière d'automation, je crois plus aux effets de la formation professionnelle continue qu'aux effets de la taxe-robot. Je préconise donc que soient augmentées de façon notable les taxes pour la formation. Je suis moi-même chef d'entreprise et suis hostile en général à toute augmentation de la fiscalité sur les entreprises. Mais je considère que les sommes versées au titre de la formation, si elles sont dépensées intelligemment, ne sont pas des taxes mais des dépenses d'investissement pour l'avenir.

La France a besoin d'argent pour financer le développement d'un « appareil de formation » efficace et performant dans le domaine du digital, de la robotique et de l'automation. À quoi bon automatiser des tâches et installer partout des robots si demain, on ne trouve pas sur le marché de l'emploi, à un coût raisonnable, les ingénieurs pour les créer, les techniciens pour les réparer et les employés pour les utiliser. Or aujourd'hui, je le constate, le nombre de salariés doués d'agilité digitale se réduit plutôt qu'il ne croît.

LE NOMBRE DE SALARIÉS DOUÉS D'AGILITÉ DIGITALE SE RÉDUIT PLUTÔT QU'IL NE CROÎT. LA RAISON PRINCIPALE : L'INNOVATION VA PLUS VITE QUE LA FORMATION.

La raison en est simple. Les innovations technologiques en matière d'automation et plus généralement de digital ont atteint un rythme de développement supérieur au temps consacré par les individus pour apprendre et se former. Dans le cadre de la réforme actuelle du CPF (Compte Personnel de Formation), chaque salarié français cumule 24h de droits à la formation chaque année jusqu'à un maximum de 150 heures. Ces heures seront valorisées de 15 à 60 euros une fois le dernier volet de la réforme (Pénicaud/Macron) acté en octobre 2019.

Je trouve la nouvelle organisation de la formation (réforme Pénicaud/Macron) beaucoup plus simple et beaucoup plus lisible qu'auparavant mais vous comprendrez aussi qu'au vu des enjeux, l'effort de formation est beaucoup trop insuffisant. Dans une profession comme celle de Psychologue, le code de déontologie recommande aux praticiens de consacrer 1/3 de leur temps de travail à se former... Soit par la participation à des formations, séminaires ou conférences, soit par la lecture d'ouvrages ou des rencontres avec des pairs...

DANS UNE ÉCONOMIE DE LA CONNAISSANCE, LE TEMPS CONSACRÉ À SE FORMER POUR LES SALARIÉS LES PLUS QUALIFIÉS EST PROCHE DE 33%.

Cela peut sembler beaucoup mais il faut savoir qu'une entreprise comme *Google* laissait jusque récemment encore ses ingénieurs consacrer 20% de leur temps à des projets personnels... C'est ainsi que des solutions majeures comme *Adsense (Publicité) ou Gmail* sont nées. Dans une économie de la connaissance, le temps passé à apprendre et à créer plutôt qu'à produire sont essentiels. Certes, cette règle n'est pas applicable à tous les métiers et il faut aussi que les salariés qui veulent progresser investissent du temps en formation en dehors de leurs heures de travail.

Pour dégager les ressources nécessaires à la mise en place d'une véritable culture de la formation tout au long de la vie, il faut intégrer cette composante dans la manière de penser toutes les aides directes ou indirectes accordées aux entreprises ou aux ménages. L'effort du pays tout entier doit être orienté vers l'amélioration du niveau de qualification et de connaissances générales, techniques et technologiques. C'est ainsi que l'État préparera la France et les Français à entrer pleinement dans le XXIème siècle.

L'EFFORT DU PAYS TOUT ENTIER DOIT ÊTRE ORIENTÉ VERS L'AMÉLIORATION DU NIVEAU DE QUALIFICATION, DE CONNAISSANCES GÉNÉRALES, TECHNIQUES ET TECHNOLOGIQUES.

Pour prendre un exemple concret, il existe un crédit d'impôt pour l'emploi à domicile égal à 50% des sommes dépensées. Pourquoi ne pas réserver une partie de ce crédit d'impôt à la professionnalisation des employés de ce secteur ? Ces employés peu qualifiés pourraient bénéficier d'un accès à la formation plus important que les autres salariés. Le crédit d'impôt pourrait être éventuellement porté à 55% en allouant les 5% supplémentaires à la formation. C'est ainsi que l'on pourrait rétablir « l'espérance professionnelle ».

Il faut également réfléchir à un nouveau modèle social dans une société où un nombre grandissant de personnes n'accèderont plus à l'emploi. L'idée d'un revenu universel d'activités est une mesure séduisante, mais il faut le reconnaître, cette mesure donne aussi peu « d'espérance professionnelle » aux personnes concernées. Accepter l'idée d'un revenu universel d'activité, c'est accepter que certaines populations soient perdues et qu'elles ne connaîtront jamais de progression dans leur vie. Il doit donc exister une autre voie.

IL FAUT IMAGINER DES DISPOSITIFS POUR DES PERSONNES QUI N'ACCÈDERONT PAS À L'EMPLOI.

Il ne s'agit rien de moins que le système des mini-jobs à l'œuvre en Allemagne. Ce système nécessite de toucher au tabou du SMIC pour permettre à des personnes très peu qualifiées d'accéder au marché du travail. C'est une approche très différente de celle qui a été choisie en France par le biais des minima sociaux. Ce que cette approche a d'intéressant, c'est qu'elle permet à des personnes de reprendre un emploi et donc d'acquérir progressivement une qualification une fois un emploi retrouvé. C'est un modèle basé sur le travail.

Dans cette stratégie, il est nécessaire d'associer à la mise en place de telles mesures d'autres mesures prises en faveur de la formation professionnelle. C'est par le travail et la formation que l'individu peut faire progresser son employabilité. C'est ainsi qu'il peut se donner une « espérance professionnelle ». Cela nécessite beaucoup d'accompagnements et d'efforts mais je reste convaincu qu'un tel système peut fonctionner. Il permettrait de mieux intégrer toutes les populations qui sont sans qualification et donc difficilement employables aujourd'hui.

5 VEILLER À CE QUE LE MONDE RESTE HUMAIN

C'est sans doute l'un des enjeux politiques majeurs de la robotisation. En effet, un monde où travaillent des robots gouvernés uniquement par des logiques rationnelles risque fort de devenir un monde invivable. Les robots-policiers, les robots-pervenches et demain les robots-contrôleurs des impôts deviendront des agents implacables de contrôle des êtres humains. Or, les êtres humains sont par nature des êtres instables, changeants, parfois transgressifs sans pour autant en faire de mauvais citoyens. Aucun être humain n'est parfait.

Il faut comprendre que nous assistons à une double évolution : d'un côté, le monde devient de plus en plus complexe, les règles se multiplient et se surajoutent, au point qu'il est impossible pour un être humain normalement constitué de les connaître toutes. De l'autre, une armada de robots se développent pour assurer le respect de ces règles de manière implacable. Aucun contrevenant n'échappe à un robot qui mesure les excès de vitesse ou laisse sa voiture mal garée sur un trottoir. Les robots sont des contrôleurs omniscients.

NOUS ASSISTONS À UNE DOUBLE ÉVOLUTION : D'UN CÔTÉ LES RÈGLES SE MULTIPLIENT ET DE L'AUTRE LES CAPACITÉS DE CONTRÔLE SOCIAL SE RENFORCENT.

Ce double mouvement génère une pression sociale (et morale) sans précédent sur les individus confrontés à la fois à la multiplication des règles dans tous les domaines de leur vie et au renforcement du contrôle qui s'exerce sur eux, les obligeant à respecter des règles toujours plus nombreuses et complexes dont ils ne connaissent parfois même pas l'existence. Dans ce type de société, l'État (ou les institutions) peut devenir un système totalitaire dans le sens où l'État sait tout et contrôle tout de la vie des citoyens.

Sous différents prétextes incontestables en théorie tels que la sécurité routière, le voilà qui installe des robots contrôlant la vitesse des automobilistes à tous les carrefours et sur toutes les routes du pays. Personne ne contestera jamais qu'il faille moins de morts sur les routes. C'est imparable. L'État considère que les êtres humains sont capables d'avoir un comportement parfait. En faisant cela, il confond les êtres humains avec des machines. Car aucun être humain n'est capable de respecter en toutes circonstances les limitations de vitesse.

UN ÊTRE HUMAIN EST PAR NATURE UN ÊTRE FAIT D'ALÉAS.

C'est une impossibilité biologique. Tout simplement parce qu'un être humain est par nature un être fait d'aléas. Parfois il est moins attentif. À certains moments il est fatigué, malade. À d'autres moments, il est volontairement transgressif sans pour autant être un mauvais citoyen. En se comportant ainsi, il est simplement humain. Le reste est affaire de probabilités : plus un être humain conduit et plus il a de chances d'être contrôlé positif par un robot-radar. Car immanquablement sa nature humaine le conduira à dépasser les limites de vitesse.

Ce qui est valable pour l'État est également valable dans les entreprises. Un salarié ne peut pas avoir toute sa vie le même niveau de productivité. Or, si des robots sont capables de mesurer exactement le niveau de productivité d'un salarié, il pourrait être licencié dès qu'il aurait une baisse de productivité. Il ne pourrait pas échapper au contrôle d'un robot-drh omniscient détectant toutes les transgressions, les manquements et les failles chez l'ensemble des salariés d'une entreprise, quand bien même elle compterait plusieurs milliers de salariés.

SI RIEN N'EST FAIT, LES ÊTRES HUMAINS DISPARAÎTRONT DE CE MONDE.

Le burn out est un symptôme de cette société automatisée où les règles sont surabondantes et les contrôles omniscients. Les êtres humains voient leurs espaces de liberté se réduire à mesure que les années passent et les sociétés démocratiques censées apporter la liberté et le bonheur ressemblent de plus en plus à des systèmes totalitaires. Cette situation entraîne « la fuite » de nombreuses personnes vers des pays moins structurés et qui offrent finalement plus de liberté au quotidien, notamment des pays en voie de développement.

Cette « fuite » est liée à la quête, par une certaine partie de la population (ceux souvent qui pour des raisons économiques ou d'âge le peuvent), d'un monde plus souple, moins contrôlé où l'on peut rouler à mobylette sans casque et avec des tongs… Cela peut sembler dérisoire mais personnellement c'est une liberté que j'affectionne de pouvoir monter sur un deux roues sans casque et avec des tongs, sans avoir à passer de permis et sans risquer au détour d'un contrôle de me voir déchu de mes droits par un robot implacable.

LA LIBERTÉ EST LA CONDITION DE L'HUMANITÉ.

Pour conserver un monde vivable, les femmes et les hommes politiques auront à introduire de nouveaux paradigmes dans la gouvernance et le contrôle social. La notion même de loi doit évoluer. Si l'on y réfléchit bien, la loi est une notion par nature théorique. Elle a pris naissance dans des sociétés qui étaient incapables de la faire respecter. Or, l'humanité est à l'aune d'un âge où elle pourra entièrement et totalement faire respecter ses lois. Il y a donc un danger majeur pour les libertés individuelles et le bonheur des citoyens.

La société des robots doit réapprendre l'indulgence. Les robots chargés du contrôle des citoyens doivent être en capacité de faire preuve d'empathie. Je le préconisais dans un chapitre précédent mais il est indispensable d'insérer un facteur d'indulgence dans le fonctionnement des machines. Aucune machine n'est inhumaine. C'est le concepteur de la machine qui cherche à la rapprocher des êtres humains ou au contraire à la transformer en un juge implacable. Les êtres humains sont responsables des robots qu'ils inventent.

CONCLUSION

QUELS CHOIX COLLECTIFS ET INDIVIDUELS POUR CONSTRUIRE LA SOCIÉTÉ DE DEMAIN ?

QUELS CHOIX COLLECTIFS ET INDIVIDUELS POUR CONSTRUIRE LA SOCIÉTÉ DE DEMAIN ?

Un voyage en Inde

En 2017, j'ai fait un voyage en Inde. Je me souviens être allé visiter les jardins d'Udaipur au Rajasthan. À la sortie des jardins, une centaine de rickshaws attendaient alors que nous étions seulement quelques touristes. Les conducteurs patientaient depuis des heures pour réaliser une seule et improbable course de quelques euros.

Le conducteur m'apprit que la somme gagnée lui suffisait pour nourrir sa famille, une famille qui comptait plus d'une dizaine de personnes vivant toutes sous le même toit. Dans une même famille, ne travaillaient que deux ou trois personnes au maximum. Mais cela suffisait à entretenir la maison, à se vêtir et à manger convenablement.

Ce jour-là, j'ai compris qu'il existait à l'échelle de la planète des centaines de millions d'individus qui ne travaillaient pas et ne travailleraient sans doute jamais. Ce jour-là, j'ai compris à quel point travailler était un privilège réservé à une minorité. C'était il y a dix-huit mois et je n'avais pas encore entrepris mes recherches sur l'automation.

Si l'on veut anticiper l'avenir, il faut oser regarder une problématique dans sa globalité. Dans un monde ouvert où circulent librement les capitaux, les marchandises et les êtres humains, dans un monde globalisé dans lequel les hommes et les femmes de tous les pays peuvent fournir au même moment grâce à Internet leur force de travail à n'importe quelle entreprise située n'importe où, nous sommes forcés de constater qu'il n'y aura jamais de travail pour chaque être humain sur cette terre. C'est tout simplement impossible.

En réalité, nous faisons face à un effet de « cisaille ». D'un côté, la population mondiale et son niveau d'éducation augmentent. En Inde, en Chine et dans de nombreux pays émergents, le nombre de personnes ayant accès à l'enseignement et à l'enseignement supérieur croît d'année en année. Cela fait que le nombre de salariés disponibles sur le marché de l'emploi croît rapidement. Cette population mondialisée partage les mêmes standards professionnels que les occidentaux et intègrent donc un marché du travail globalisé.

D'un autre côté, la robotique permet de remplacer un nombre grandissant d'êtres humains dans les champs, les usines et les bureaux en réalisant d'énormes gains de productivité. La robotisation de l'économie induit des destructions d'emplois partout dans le monde, notamment des emplois peu qualifiés et moyennement qualifiés. Dit simplement, il y a de plus en plus de travailleurs sur un marché de l'emploi dont la taille se réduit d'année en année. C'est l'effet rickshaw… Cela veut dire une concurrence grandissante sur ce marché.

LES ROBOTS SERONT MOINS CHERS QUE LA MAIN D'ŒUVRE AFRICAINE À PARTIR DE 2034, SELON *L'OVERSEAS DEVELOPMENT INSTITUTE.*

Le marché de l'emploi se transforme. Alors que la demande de profils très qualifiés augmente (ingénieurs, docteurs etc.), la demande de profils moyennement ou peu qualifiés se réduit (sauf à ce que les gouvernements financent des emplois aidés pour contrebalancer cet effet). La définition même du niveau de qualification change. Hier, posséder un BAC+5 était le gage d'un haut niveau de qualification. Aujourd'hui, dans les pays occidentaux et les pays émergés, ce niveau de qualification devient simplement la norme.

Ce phénomène mondial entraîne au niveau des pays occidentaux un bouleversement de la « tectonique socioéconomique », c'est-à-dire la répartition de la population dans les différentes classes sociales et leur poids relatif dans la population. Les classes populaires ont été les premières touchées avec la délocalisation des usines dans les années 80 et 90. Aujourd'hui, ce sont les classes moyennes qui sont menacées. Les classes moyennes se trouvent en concurrence directe avec les robots et avec les salariés des pays émergents.

LES CLASSES MOYENNES QUI CONCENTRENT LE PLUS GRAND NOMBRE DE PROFILS MOYENNEMENT QUALIFIÉS SONT LES PLUS TOUCHÉES.

Une entreprise peut choisir de travailler avec un graphiste roumain plutôt qu'avec un graphiste français. Vous pouvez choisir de placer votre aïeul dans un Foyer-logement en France ou en Tunisie. Vous pouvez même vous faire arracher et remplacer les dents en Hongrie plutôt qu'en France... Sachant que les concepteurs de robots développent des solutions de création graphique avec des IA accessibles à tous ou des solutions domotiques permettant à votre aïeul de rester chez lui et d'éviter ainsi de recourir au service d'une aide-soignante.

Pour les entreprises et les États, un phénomène comparable se produit. Il y a une mise en concurrence généralisée des entreprises et des États à l'échelle mondiale. Une entreprise française (et donc ses salariés) se battait hier contre une poignée de concurrents européens et américains. Elle se bat aujourd'hui contre des entreprises chinoises, indiennes, brésiliennes mais aussi africaines... La concurrence est féroce et elle fait de nombreuses victimes. Sans compter que le fait d'être implanté dans un État ou un autre constitue un avantage ou bien un handicap.

LA FRANCE FAIT DU SURPLACE ET EN FAISANT DU SURPLACE ELLE RECULE PARCE QUE LES AUTRES AVANCENT.

Les États sont en concurrence pour attirer les entreprises grâce à la qualité de leurs infrastructures, au niveau de formation de leurs citoyens et au niveau de leur fiscalité. Dans cette compétition mondiale, où se trouve la France ? Eh bien elle recule ! Disons plutôt qu'elle fait du surplace pendant que les autres avancent. Elle recule parce qu'elle a une fiscalité trop élevée, parce que le niveau de qualification de ses citoyens stagne et parce que la qualité de ses infrastructures se réduit... Cela explique son niveau de croissance depuis 15 ans.

Chaque fois qu'il se produit un changement majeur au niveau socioéconomique, celui-ci vient rebattre les cartes de la compétition mondiale. C'est le cas de la robotisation aujourd'hui. La révolution des robots est une opportunité inespérée pour la France, les entreprises françaises et leurs salariés, de revenir dans le jeu. Nous l'avons expliqué. Si la France investit dans l'automation, elle peut en dix ans améliorer le niveau de qualification de ses salariés, améliorer ses infrastructures et réduire le poids relatif de sa fiscalité.

L'AUTOMATION EST UNE OPPORTUNITÉ POUR L'ÉTAT FRANÇAIS, LES ENTREPRISES FRANÇAISES ET LES SALARIÉS FRANÇAIS DE REVENIR DANS LE JEU.

Pour faire avancer une nation, vous avez besoin d'un projet enthousiasmant. Je trouve que ce projet est enthousiasmant. Nous serons bientôt en 2020. Il est temps de cesser de regarder le passé et de nous tourner pleinement vers le futur. Il est temps d'entrer de plain-pied dans le XXIème siècle. Et le XXIème siècle sera le temps où la terre se peuplera de robots, où les mondes virtuels vont croître, où de nouvelles formes d'organisation et de vie vont émerger. Rien ne peut aujourd'hui empêcher cette histoire de se produire car elle doit se produire.

Cela sera simple. Les Français les plus qualifiés partiront. Les entreprises les plus performantes partiront. Le temps des sédentaires est révolu. Aujourd'hui, individus et entreprises sont des êtres sans terre. Ils sont semblables à ces nomades qui, il y a plusieurs dizaines de milliers d'années, allaient de région en région en suivant le soleil, la fructification des arbres et les migrations des animaux. Les emplois partiront aussi et le chômage ne cessera de croître jusqu'à devenir insupportable et que le système de l'État-providence ne finisse pas définitivement craquer.

« ET SI LA FRANCE N'AUTOMATISE PAS RAPIDEMENT SON ÉCONOMIE, LE PAYS DÉCROCHERA ».

La révolution des robots nous lance un défi à tous. Elle demande des efforts pour apprendre, développer nos compétences, changer. L'État peut choisir de relever ce défi ou pas. Les entreprises peuvent choisir de relever ce défi ou pas. Les citoyens peuvent choisir de relever ce défi ou pas. Tout le monde a le choix mais maintenant que vous avez lu ce livre, vous savez ce qu'il y a à gagner en faisant le choix de l'automation et ce qu'il y a à perdre en décidant de ne pas emprunter cette voie. Vous pouvez maintenant faire un choix éclairé.

Emeric Lebreton
Paris, 31/10/2018

BIBLIOGRAPHIE

Bourdieu (1989). *La noblesse d'État.* Paris : PUF.

D'Iribarne (1989). *La logique de l'honneur. Gestion des entreprises et traditions nationales.* Paris : Points.

Lebreton, C. (2013). *Les territoires numériques de la France de demain.* Paris : France Stratégie.

Lebreton, E. (2017). *Les 10 attitudes gagnantes pour réussir dans la vie.* Paris : Éditions Orient'Action®.

Davenport, T., H. (2016). *Wall Street Jobs Won't Be Spared from Automation.* Harvard Business Review. DECEMBER 14.

Votre JOB
remplaçé par un ROBOT ?
Testez votre métier
www.revolution-robot.fr

NOTRE METIER : Accompagner
les reconversions professionnelles
Orient'action®
www.orientaction.com
N° National
01 44 10 41 87
info@orientaction.com

Audit
Conseil
Recherche
Accompagner
les transformations digitales
N° National
01 44 10 41 87
info@orientaction.com
Orient'action®
www.orientaction.com

GLOBAL SEARCH IN PROGRESS...
LOADING...
Evaluer l'agilité digitale
de vos collaborateurs
Orient'action®
www.orientaction.com
N° National
01 44 10 41 87
info@orientaction.com

Chatbot
Robot numérique
Outil communautaire
Que puis-je faire pour vous ?
Créer des robots «sur mesure» pour automatiser vos activités
Orient'action®
www.orientaction.com
N° National
01 44 10 41 87
info@orientaction.com

ÉDITIONS ORIENT'ACTION®

Dépôt légal premier trimestre 2019
Cet ouvrage a été achevé d'imprimé par Pulsio
Imprimé en U.E.
Mise en page Colorix.fr
Photos © istockphoto.com